JN263112

計算力を強くする　完全ドリル
先を読む力を磨くために

鍵本　聡　著

ブルーバックス

●カバー装幀／芦澤泰偉・児崎雅淑
●カバー・本文イラスト／むろふしかえ
●本文・扉・目次デザイン／さくら工芸社

はじめに

　最近,「計算力」に関する講演をする機会がよくあります。その際,聴衆のみなさんのうちの何人かから,
　「どうしてそんなに先生は,計算をするときの動きがダイナミックなんですか？」
　という質問をいただきます。
「計算をするときの動きがダイナミック」だと言われて,最初は何のことだか自分ではよくわからなかったのですが,実際に自分が黒板に向かって計算をしているところを撮影したビデオを観ると,なるほど自分では意識していないのに,ダンスをしているように体を動かしながら計算問題を解いているのです。
　自分がどのくらいダイナミックかはよくわからないのですが,確かに学生や塾の生徒が問題を解いている姿を見ると,ずいぶん動きが少なくておとなしいな,と思えてきます。
　大学の授業や塾などで,解答の道筋を学生に教えるために黒板上で実際に計算問題を解くときは,ポイントを大きな声で解説しなければならず,また学生の注意を引くためにも体全体を使って大きな文字を流れるように書くことで,「計算はこうやってするんだよ」と,身をもって示さなければなりません。そういう行為が,おそらく「計算をするときの動きがダイナミックだ」と感じられたのではないかと,自分では思っています。
　実際「計算をする」という行為は,思ったよりエネルギーを使う作業です。「計算をする」ことは,脳の中だけで行

われる行為だと多くの人は考えがちですが，それは間違いです。手，耳，目，口，皮膚など，五感をフル回転することで，計算のスピードは格段に上がり，計算間違いも少なくなるのです。

　ここ数年，インド式計算をはじめとする計算ブーム，さらに脳をキーワードとした多くの書物がベストセラーとなっています。残念ながら筆者はインド式計算をよく知りませんし，脳や心理学に詳しくありません。ですが，「計算力」が私たちの生活にとっていかに大切であるかを，大学や塾での経験を元に語ることができる数少ない人間であることは確かです。

　幸い，2005年夏と2006年末に講談社ブルーバックスより上梓した『計算力を強くする』および『計算力を強くする part2』は，世の多くの方に読んでいただき，「計算をする」という作業の楽しみと奥の深さを感じていただけたのではないかと感じております。

　前2作では「計算視力」という能力があることを紹介しました。計算を解く際に，あたかも眼だけで計算を解いていくような感じで式を変形していくことから，このように呼んでいます。この能力を訓練することで，計算の道筋が瞬時に読み取れるようになり，計算力がアップすると同時に，論理的に考える能力が飛躍的に高まるのです。

　残念ながら，「計算視力」を強くするためには，どうしても多くの問題を解く訓練を繰り返す必要があります。その際，冒頭でも申し上げた通り，五感を駆使しながら計算するような練習を積み重ねることが重要です。そこで，そ

はじめに

のためのドリルがどうしても必要だと考え，この『計算力を強くする　完全ドリル』を執筆することにしたのです。

　本書の使い方はいたって簡単です。電車の中や，病院の待合室，食事を待っている間のちょっとした時間を利用して，計算を解く練習をするだけでいいのです。その際，全神経を集中して，五感をフル回転して解くことがポイントです。

　はじめは少し大変でも，慣れてくると「計算視力」が実感でき，計算力がメキメキとついてくるはずです。「計算視力」がついてくることで，少し先を読むような想像力や決断力といった，多くの力が強化されるはずです。

　ぜひ本書を何度も開くことで，仕事や日常生活で役に立つ，あふれ出るような能力を身につけていただければと思います。

　なお，本書を執筆するにあたり，講談社ブルーバックス出版部の小澤久さん，イラストレーターのむろふしかえさんをはじめ，読者の皆様も含め多くの方々に助けていただきました。この場をお借りしてお礼を述べさせていただければと思います。本当にありがとうございました。

2009年1月　　　　　　　　　　　　　　　　　　　　著者

もくじ

はじめに …………………………………………… 5
プロローグ——あなたの計算力チェック ……………… 11

第1章　かけ算，割り算 …………………… 19

5をかけること …………………………………… 20
(偶数)×(5の倍数) ……………………………… 24
4の倍数×25の倍数 ……………………………… 28
順序入れ替え ……………………………………… 32
12と15のかけ算 ………………………………… 36
10を超えたかけ算 ……………………………… 40
和差積 ……………………………………………… 44
十和一等 …………………………………………… 48
十等一和 …………………………………………… 52
スライド方式 ……………………………………… 56
分数変換 …………………………………………… 60
分数変換を用いたかけ算 ………………………… 64
2乗，3乗，主要な数の累乗 …………………… 68
2と5をたくさん含むかけ算 …………………… 72
5で割ること ……………………………………… 76
二重割り算 ………………………………………… 80
二回割り算 ………………………………………… 84
章末総合問題1 …………………………………… 88

第2章　足し算，引き算 …………………… 91

- 等差数列の足し算 ………………………… 92
- 等差数列を見抜く足し算 ………………… 96
- グループ化 ………………………………… 100
- おつりの勘定 ……………………………… 104
- 両替方式 …………………………………… 108
- まんじゅう数え上げ方式 ………………… 112
- 章末総合問題2 …………………………… 116

第3章　倍数，あまり …………………… 117

- 5で割ったあまりは？ …………………… 118
- 4で割ったあまりは？ …………………… 122
- 3で割ったあまりは？ …………………… 126
- 9で割ったあまりは？ …………………… 130
- 6で割ったあまりは？ …………………… 134
- 約数は？ …………………………………… 138
- 最大公約数は？ …………………………… 144
- 2つの数の比は？ ………………………… 148

第4章　概算 ……………………………… 153

- まんじゅう数え上げ方式の応用 ………… 154
- 円周率を使う計算 ………………………… 158
- $\sqrt{}$ の計算 …………………………………… 162
- 累乗の概算 ………………………………… 166

第5章　穴埋め問題 …………………………… *171*

穴埋め問題 ……………………………………………………… *172*

【問題】穴埋め問題1（かけ算，割り算）………………… *173*

【問題】穴埋め問題2（足し算，引き算）………………… *175*

【問題】穴埋め問題3（分数，小数のかけ算）…………… *177*

【問題】穴埋め問題4（混合）……………………………… *179*

章末総合問題解答 ……………………………………………… *184*

プロローグ——あなたの計算力チェック

まず本文に入る前に、あなたの計算力をチェックしてみましょう。

これから出題する計算問題を暗算で解いてください。答えはどこかに書き留めておいてください。すべての問題を解き終わったら【解答】で答え合わせをしてみましょう。

各問題ごとに制限時間が設けてありますが、厳密に時間を計る必要はありません。ただし、制限時間を大幅に上回った場合、あるいは暗算では解けそうにない場合は、×とカウントしてください。例えば「制限時間3秒」と書いてある問題で、5秒ぐらいかかるのは問題ないのですが、15秒かかるのは、その問題に関して計算力を見直す必要があるということです。

また【解答】には、各問題ごとに本文の解説参照ページを掲載してあります。できなかった問題の解法を本文で確認して、計算力を磨く上での参考にしてください。自分の弱点を認識することから、計算力アップの特訓は始まります。

それでは早速、計算力をチェックしてみましょう！

【診断1】
次の計算をしてください。（制限時間3秒）
$24 \times 35 = ?$

【診断2】
次の計算をしてください。（制限時間5秒）
$13 \times 28 \times 25 = ?$

【診断 3】
　次の計算をしてください。(制限時間 3 秒)
　　13 × 16 = ?

【診断 4】
　次の計算をしてください。(制限時間 3 秒)
　　27 × 33 = ?

【診断 5】
　次の計算をしてください。(制限時間 3 秒)
　　72 × 32 = ?

【診断 6】
　次の計算をしてください。(制限時間 3 秒)
　　27 × 23 = ?

【診断 7】
　次の計算をしてください。(制限時間 3 秒)
　　48 × 48 = ?

【診断 8】
　次の計算をしてください。(制限時間 3 秒)
　　45 × 0.6 = ?

【診断 9】
　次の計算をしてください。(制限時間 2 秒)
　　2^8 = ?

プロローグ

【診断 10】

次の計算をしてください。（制限時間 7 秒）
$125 \times 12 \times 45 \times 4 = ?$

【診断 11】

次の計算をしてください。（制限時間 3 秒）
$830 \div 5 = ?$

【診断 12】

次の計算をしてください。（制限時間 3 秒）
$2600 \div 65 = ?$

【診断 13】

次の計算をしてください。（制限時間 10 秒）
$140 + 160 + 178 + 200 + 221 = ?$

【診断 14】

次の計算をしてください。（制限時間 3 秒）
$174 + 89 + 226 = ?$

【診断 15】

次の計算をしてください。（制限時間 3 秒）
$10000 - 1824 = ?$

【診断 16】

次の計算をしてください。（制限時間 5 秒）
$24323 - 9828 = ?$

【診断 17】
　次の計算をしてください。（制限時間 10 秒）
　789 ＋ 398 ＋ 612 ＝ ？

【診断 18】
　次の計算をしてください。（制限時間 2 秒）
　29421 を 5 で割ったあまりは？

【診断 19】
　次の計算をしてください。（制限時間 3 秒）
　1259 を 4 で割ったあまりは？

【診断 20】
　次の計算をしてください。（制限時間 7 秒）
　43890792 を 9 で割ったあまりは？

【診断 21】
　次の計算をしてください。（制限時間 5 秒）
　52 と 169 の最大公約数は？

【診断 22】
　合計金額を概算してください。（制限時間 5 秒）
　サラダ 590 円
　スパゲティ 880 円
　ピザ 590 円
　コーヒー 290 円× 2

プロローグ

【診断 23】
次の計算をしてください。（制限時間 3 秒）
直径 7 メートルの円形の池の周囲はおよそ何メートルでしょう？

【診断 24】
次の計算をしてください。（制限時間 3 秒）
$(1.006)^6$ のおよその値はいくらでしょう？

【診断 25】
次の計算をしてください。（制限時間 3 秒）
$24 \times \square + 45 = 165$　の□に入る数を暗算で求めてください。

【解答】

1	840	（24 ページ参照）
2	9100	（32 ページ参照）
3	208	（40 ページ参照）
4	891	（44 ページ参照）
5	2304	（48 ページ参照）
6	621	（52 ページ参照）
7	2304	（56 ページ参照）
8	27	（64 ページ参照）
9	256	（68 ページ参照）
10	270000	（72 ページ参照）
11	166	（76 ページ参照）
12	40	（80 ページ参照）
13	899	（96 ページ参照）
14	489	（100 ページ参照）
15	8176	（104 ページ参照）
16	14495	（108 ページ参照）
17	1799	（112 ページ参照）
18	1	（118 ページ参照）
19	3	（122 ページ参照）
20	6	（130 ページ参照）
21	13	（144 ページ参照）
22	およそ 2700 円	（154 ページ参照）
23	およそ 22 メートル	（158 ページ参照）
24	およそ 1.036	（166 ページ参照）
25	□ = 5	（172 ページ参照）

（なお詳しい解説は，本文中にあります）

プロローグ

　いかがでしたか？　試験ではありませんので，点数をつけたり，あなたの計算力を判定するものではありません。
　苦戦された読者のみなさんもたくさんいらっしゃると思いますし，逆にほとんどの問題を制限時間内に答えられた方もいらっしゃるでしょう。苦戦された読者のみなさんは，本書の例題と練習問題を見直すだけで，これらの問題を簡単に解けるようになるはずです。
　その際に気をつけていただきたいことは，できるだけ「五感」を使って解くということです。すなわち，姿勢を正し，目で計算式を見て，手で計算式をなぞってみたり，口に出してぶつぶつ言ってみたり，と全身を使って問題を解くのです。そうすることで，計算式から解答の道筋が見えてくる「計算視力」が身につくはずです。計算式を見て答えが頭の中に浮かぶさまが，あたかも「視力」のようなところからそう名づけたわけですが，そのポイントは「五感」を使って解く練習をすることです。
　このような練習をすることで，受験生にとっては勉強前の準備体操になります。特に受験科目に数学や理科があって，計算が苦手な人は，本書の練習を繰り返すことで単純な計算間違いが減り，集中力も身につくため，受験に大いに役立つはずです。
　また，ビジネスマンにとっては，仕事のための予行演習になるはずです。特にプレゼンテーションや重要な会議で，数字を分析するとき「計算視力」が大きな力を発揮します。「計算視力」をつけることで，配布資料やデータから，他のメンバーが気がつかないような事実が見えてくることも少なくありません。

次章から，簡単な例題の解説に続き，練習問題をふんだんに掲載してあります。一つ一つのトピックについてじっくりと計算練習を積み重ね「計算視力」を養ってください。

第1章

かけ算, 割り算

5をかけること

例題 1（制限時間 3 秒）

$86 \times 5 = ?$

【解説】

5 は 10 ÷ 2 ですから，5 倍することは 10 倍して 2 で割ること（あるいは 2 で割ってから 10 倍すること）と同じです。

$$\begin{aligned} & 86 \times 5 \\ =\ & 86 \times 10 \div 2 \\ =\ & 860 \div 2 \\ =\ & 430 \end{aligned}$$

第1章 かけ算，割り算

【問題】

次の計算をしてください(制限時間：各問とも3〜5秒)。

(1) 24 × 5 = ?

(2) 68 × 5 = ?

(3) 82 × 5 = ?

(4) 286 × 5 = ?

(5) 845 × 5 = ?

(6) 4886 × 5 = ?

(7) 24462 × 5 = ?

(8) 66485 × 5 = ?

(9) 78562 × 5 = ?

(10) 93753 × 5 = ?

【解答】

(1) $24 \times 5 = 24 \times 10 \div 2 = 240 \div 2 = 120$

(2) $68 \times 5 = 68 \times 10 \div 2 = 680 \div 2 = 340$

(3) $82 \times 5 = 82 \times 10 \div 2 = 820 \div 2 = 410$

(4) $286 \times 5 = 286 \times 10 \div 2 = 2860 \div 2 = 1430$

(5) $845 \times 5 = 845 \times 10 \div 2 = 8450 \div 2 = 4225$

(6) $4886 \times 5 = 4886 \times 10 \div 2 = 48860 \div 2$
$= 24430$

(7) $24462 \times 5 = 24462 \times 10 \div 2 = 244620 \div 2$
$= 122310$

(8) $66485 \times 5 = 66485 \times 10 \div 2 = 664850 \div 2$
$= 332425$

(9) $78562 \times 5 = 78562 \times 10 \div 2 = 785620 \div 2$
$= 392810$

(10) $93753 \times 5 = 93753 \times 10 \div 2 = 937530 \div 2$
$= 468765$

【補足】

「数が 10 になるたびに繰り上がるような数の数え方」を「10 進法」といいます。そのため，ある数を 10 倍するときには，いちばん下の位に 0 をつけるだけでよいのです。

また，10 というのは 5×2 に分解できるため，10 進数の世界では 5 や 2 がよく出てくるのです。

（偶数）×（5 の倍数）

> **例題 2**（制限時間 3 秒）
>
> $24 \times 35 = ?$

【解説】

（偶数）×（5 の倍数）の形をしたかけ算の場合，（偶数）の中の 2 を先に（5 の倍数）にかけることで，元の計算式を簡単にすることができます。

24 は偶数，35 は 5 の倍数なので，次のように変形します。

$$\begin{aligned}
& 24 \times 35 \\
=\ & 12 \times 2 \times 35 \\
=\ & 12 \times 70 \\
=\ & 840
\end{aligned}$$

元の 24×35 を計算するのに比べると，12×70 の計算は格段に簡単ですね。

第1章 かけ算，割り算

【問題】

次の計算をしてください（制限時間：各問とも3秒）。

(1) $14 \times 15 = ?$

(2) $35 \times 18 = ?$

(3) $22 \times 45 = ?$

(4) $25 \times 26 = ?$

(5) $38 \times 15 = ?$

(6) $35 \times 28 = ?$

(7) $84 \times 15 = ?$

(8) $25 \times 38 = ?$

(9) $12 \times 65 = ?$

(10) $55 \times 28 = ?$

【解答】
(1) $14 \times 15 = 7 \times 2 \times 15 = 7 \times 30 = 210$
(2) $35 \times 18 = 35 \times 2 \times 9 = 70 \times 9 = 630$
(3) $22 \times 45 = 11 \times 2 \times 45 = 11 \times 90 = 990$
(4) $25 \times 26 = 25 \times 2 \times 13 = 50 \times 13 = 650$
(5) $38 \times 15 = 19 \times 2 \times 15 = 19 \times 30 = 570$
(6) $35 \times 28 = 35 \times 2 \times 14 = 70 \times 14 = 980$
(7) $84 \times 15 = 42 \times 2 \times 15 = 42 \times 30 = 1260$
(8) $25 \times 38 = 25 \times 2 \times 19 = 50 \times 19 = 950$
(9) $12 \times 65 = 6 \times 2 \times 65 = 6 \times 130 = 780$
(10) $55 \times 28 = 55 \times 2 \times 14 = 110 \times 14 = 1540$

第1章　かけ算，割り算

【補足】

（偶数）×（5の倍数）の計算がさっとできれば，それを応用して次のような計算も簡単にすることができます。

例えば 13×35 を計算したいとき，35は5の倍数ですが，13は奇数なので（偶数）×（5の倍数）の計算法が使えません。そこで，このようにします。

$$
\begin{aligned}
& 13 \times 35 \\
=\ & (12 + 1) \times 35 \\
=\ & 12 \times 35 + 35 \quad \leftarrow（偶数）\times（5の倍数）の形に持ちこむ \\
=\ & 6 \times 2 \times 35 + 35 \\
=\ & 6 \times 70 + 35 \\
=\ & 420 + 35 \\
=\ & 455
\end{aligned}
$$

（偶数）×（5の倍数）の計算は応用範囲が広いのです。

4 の倍数 × 25 の倍数

― **例題 3**（制限時間 3 秒）――――――――
$36 \times 75 = ?$

【解説】

前節で紹介した（偶数 × 5 の倍数）の特殊な形が（4 の倍数 × 25 の倍数）です。

$4 \times 25 = 100$ なので，4 の倍数の中の 4 だけを先に 25 の倍数にかけて計算すれば，計算式が簡単になります。

$$\begin{aligned}
& 36 \times 75 \\
=& 9 \times 4 \times 75 \\
=& 9 \times 300 \\
=& 2700
\end{aligned}$$

25 の倍数を 4 倍した答えを覚えておくと便利です。

$$25 \times 4 = 100$$
$$75 \times 4 = 300$$
$$125 \times 4 = 500$$
$$175 \times 4 = 700$$
$$225 \times 4 = 900$$

第1章 かけ算，割り算

【問題】

次の計算をしてください（制限時間：各問とも3秒）。

(1) $16 \times 25 = ?$

(2) $75 \times 16 = ?$

(3) $24 \times 25 = ?$

(4) $25 \times 52 = ?$

(5) $44 \times 75 = ?$

(6) $225 \times 36 = ?$

(7) $24 \times 175 = ?$

(8) $75 \times 1.6 = ?$

(9) $125 \times 8.4 = ?$

(10) $0.28 \times 225 = ?$

【解答】
 (1) $16 \times 25 = 4 \times (4 \times 25) = 4 \times 100 = 400$
 (2) $75 \times 16 = (75 \times 4) \times 4 = 300 \times 4 = 1200$
 (3) $24 \times 25 = 6 \times (4 \times 25) = 6 \times 100 = 600$
 (4) $25 \times 52 = (25 \times 4) \times 13 = 100 \times 13 = 1300$
 (5) $44 \times 75 = 11 \times (4 \times 75) = 11 \times 300 = 3300$
 (6) $225 \times 36 = (225 \times 4) \times 9 = 900 \times 9 = 8100$
 (7) $24 \times 175 = 6 \times (4 \times 175) = 6 \times 700 = 4200$
 (8) $75 \times 1.6 = (75 \times 4) \times 0.4 = 300 \times 0.4$
      $= 30 \times 4 = 120$
 (9) $125 \times 8.4 = (125 \times 4) \times 2.1 = 500 \times 2.1$
       $= 50 \times 21 = 1050$
 (10) $0.28 \times 225 = 0.07 \times (4 \times 225)$
       $= 0.07 \times 900 = 7 \times 9 = 63$

【補足】

同じ考え方で，

　　8 の倍数 × 125 の倍数

という計算もあります。先に $8 \times 125 = 1000$ を計算します。例を挙げておきましょう。

$\quad\quad 32 \times 375$　← 375 は 125×3 なので 125 の倍数
$= 4 \times 8 \times 375$
$= 4 \times 3000$
$= 12000$

順序入れ替え

例題 4（制限時間 3 秒）

$13 \times 28 \times 25 = ?$

【解説】

3つ以上の数字をかけ算する際には，前から順番に計算するよりも，計算しやすいものから計算していくのが鉄則です。

13×28 を先に計算するより，28×25 を計算すれば（4の倍数）×（25の倍数）なので簡単に答えが出ます。

$$\begin{aligned}
&13 \times 28 \times 25 \\
=\ &13 \times 7 \times 4 \times 25 \\
=\ &13 \times 7 \times 100 \\
=\ &9100
\end{aligned}$$

第1章 かけ算,割り算

【問題】

次の計算をしてください(制限時間:各問とも3〜5秒)。

(1) $4 \times 7 \times 25 = ?$

(2) $8 \times 35 \times 125 = ?$

(3) $3 \times 12 \times 25 = ?$

(4) $125 \times 29 \times 16 = ?$

(5) $5 \times 75 \times 48 = ?$

(6) $36 \times 13 \times 25 = ?$

(7) $625 \times 31 \times 96 = ?$

(8) $28 \times 13 \times 125 = ?$

(9) $22 \times 24 \times 25 \times 75 = ?$

(10) $8 \times 18 \times 375 \times 45 = ?$

【解答】

(1) $4 \times 7 \times 25 = (4 \times 25) \times 7 = 700$

(2) $8 \times 35 \times 125 = (8 \times 125) \times 35 = 35000$

(3) $3 \times 12 \times 25 = 3 \times (12 \times 25) = 3 \times 300$
$= 900$

(4) $125 \times 29 \times 16 = (125 \times 16) \times 29$
$= 2000 \times 29 = 58000$

(5) $5 \times 75 \times 48 = 5^3 \times 3 \times 2^3 \times 6$
$= (2 \times 5)^3 \times 3 \times 6 = 18000$

(6) $36 \times 13 \times 25 = (36 \times 25) \times 13 = 900 \times 13$
$= 11700$

(7) $625 \times 31 \times 96 = (625 \times 96) \times 31$
$= (5^4 \times 2^4 \times 6) \times 31$
$= 60000 \times 31 = 1860000$

(8) $28 \times 13 \times 125 = (28 \times 125) \times 13$
$= 100 \times 5 \times (7 \times 13)$
$= 100 \times 5 \times 91 = 45500$

(9) $22 \times 24 \times 25 \times 75 = 2^4 \times 3 \times 11 \times 5^4 \times 3$
$= 990000$

(10) $8 \times 18 \times 375 \times 45 = (8 \times 375) \times (18 \times 45)$
$= 3000 \times 810 = 2430000$

【補足】

　どんな計算をする場合でも，どれぐらいの時間と手間が必要か，瞬時に見積もる能力が必要です。この能力は，単に数式を見てやみくもに計算していては養われません。
「数学的なセンス」というのは，こういうところに気をつけて普段から計算をしているかどうかで，差がつきます。
　例えば数学の試験でどの問題から解いたら最も効率がよいか，複数の仕事を与えられてどの仕事から順番にこなしていくとうまく行くかとか，そういう能力につながる部分でもあるのです。

12と15のかけ算

例題 5（制限時間 3 秒）

$12 \times 5 = ?$
$15 \times 7 = ?$

【解説】

ここでは九九の復習と，かけ算でよく出てくる 12 と 15 の段のかけ算の練習をしましょう。問題に行く前に 12 と 15 の段のかけ算を見ておきます。

$12 \times 2 = 24$ 　　　　 $15 \times 2 = 30$
$12 \times 3 = 36$ 　　　　 $15 \times 3 = 45$
$12 \times 4 = 48$ 　　　　 $15 \times 4 = 60$
$12 \times 5 = 60$ 　　　　 $15 \times 5 = 75$
$12 \times 6 = 72$ 　　　　 $15 \times 6 = 90$
$12 \times 7 = 84$ 　　　　 $15 \times 7 = 105$
$12 \times 8 = 96$ 　　　　 $15 \times 8 = 120$
$12 \times 9 = 108$ 　　　 $15 \times 9 = 135$

第1章　かけ算，割り算

【問題】

かけ算をしてます目を完成させてください（制限時間：各問とも3分）。

(1)

	3	5	8	2	4	1	6	9	7
6	18								
8									
3									
9									
15									
4									
7									
2									
12									
5									

(2)

	5	9	1	7	2	6	4	3	8
7	35								
2									
6									
12									
5									
4									
9									
15									
3									
8									

【解答】

(1)

	3	5	8	2	4	1	6	9	7
6	18	30	48	12	24	6	36	54	42
8	24	40	64	16	32	8	48	72	56
3	9	15	24	6	12	3	18	27	21
9	27	45	72	18	36	9	54	81	63
15	45	75	120	30	60	15	90	135	105
4	12	20	32	8	16	4	24	36	28
7	21	35	56	14	28	7	42	63	49
2	6	10	16	4	8	2	12	18	14
12	36	60	96	24	48	12	72	108	84
5	15	25	40	10	20	5	30	45	35

(2)

	5	9	1	7	2	6	4	3	8
7	35	63	7	49	14	42	28	21	56
2	10	18	2	14	4	12	8	6	16
6	30	54	6	42	12	36	24	18	48
12	60	108	12	84	24	72	48	36	96
5	25	45	5	35	10	30	20	15	40
4	20	36	4	28	8	24	16	12	32
9	45	81	9	63	18	54	36	27	72
15	75	135	15	105	30	90	60	45	120
3	15	27	3	21	6	18	12	9	24
8	40	72	8	56	16	48	32	24	64

【補足】

小学校では九九を暗唱して1桁のかけ算を覚えます。九九は学校で勉強するための計算の基本中の基本です。

実は九九のようにリズムに乗って計算結果を覚えるのは世界でも日本と韓国ぐらいのものです。例えば，英語圏では 8×9 の計算は

eight by nine equals seventy-two

と計算式のまま覚えるのです。

基本的な計算結果を，リズムによって体で覚えてしまう九九は，画期的な発明だといえます。一方で，日本人は九九にない計算になると，とたんに苦手意識が強くなります。

例えば 12×12 といわれてすぐに 144 と答えられる人はかなり少ないはずです。逆に1ダースという数え方が存在するイギリスでは，$12 \times 6 = 72$ という計算結果は基本中の基本です。

10 を超えたかけ算

例題6（制限時間3秒）

$13 \times 16 = ?$

【解説】

2桁のかけ算でも，十の位が1どうしのかけ算には，簡単に暗算できる方法があります。13×16 の場合，

手順1：左側の数に右側の一の位だけを足す。

```
    1 3
+     6
─────
    1 9
```

手順2：一の位どうしかけ算したものを，桁を右にずらして足す。

```
    1 9
+   1 8
─────
  2 0 8
```

第1章 かけ算，割り算

【問題】

次の計算をしてください（制限時間：各問とも3秒）。

(1) $13 \times 13 = ?$

(2) $15 \times 12 = ?$

(3) $16 \times 14 = ?$

(4) $19 \times 15 = ?$

(5) $13 \times 18 = ?$

(6) $17 \times 17 = ?$

(7) $16 \times 18 = ?$

(8) $19 \times 13 = ?$

(9) $14 \times 17 = ?$

(10) $18 \times 19 = ?$

【解答】

(1) 13 × 13 = 130 + 30 + 3 × 3 = 169
(2) 15 × 12 = 150 + 20 + 5 × 2 = 180
(3) 16 × 14 = 160 + 40 + 6 × 4 = 224
(4) 19 × 15 = 190 + 50 + 9 × 5 = 285
(5) 13 × 18 = 130 + 80 + 3 × 8 = 234
(6) 17 × 17 = 170 + 70 + 7 × 7 = 289
(7) 16 × 18 = 160 + 80 + 6 × 8 = 288
(8) 19 × 13 = 190 + 30 + 9 × 3 = 247
(9) 14 × 17 = 140 + 70 + 4 × 7 = 238
(10) 18 × 19 = 180 + 90 + 8 × 9 = 342

【補足】

　十の位が 1 どうしのかけ算は，百の位が 1 で，一の位が 0 の 3 桁のかけ算にも有効です。

　例えばスーパーマーケットで 160 円のビールを 12 本買ったとき，いくら支払えば良いでしょう？　こんなときでも，

$$160 \times 12 = 16 \times 12 \times 10$$
$$= (160 + 20 + 6 \times 2) \times 10 = 1920 \text{ 円}$$

と，簡単に計算できます。

和差積

例題 7（制限時間 3 秒）

$27 \times 33 = ?$

【解説】

中学校で最初に習う展開公式の代表が,

$(A - B) \times (A + B) = A \times A - B \times B$

です。A と B の和と差の積の形をしているので, この公式を和差積と呼びます。

これを使って, かけ算の答えが一瞬で出てくる場合があります。先ほどの公式の A を 30, B を 3 とすると, そのままこの公式を使うことができます。

27×33
$= (30 - 3) \times (30 + 3)$
$= 30 \times 30 - 3 \times 3$
$= 900 - 9$
$= 891$

第1章 かけ算, 割り算

【問題】

次の計算をしてください(制限時間:各問とも3秒)。

(1) $19 \times 21 = ?$

(2) $42 \times 38 = ?$

(3) $37 \times 43 = ?$

(4) $61 \times 59 = ?$

(5) $83 \times 77 = ?$

(6) $103 \times 97 = ?$

(7) $45 \times 55 = ?$

(8) $93 \times 87 = ?$

(9) $46 \times 54 = ?$

(10) $86 \times 74 = ?$

【解答】

(1) $19 \times 21 = (20 - 1) \times (20 + 1) = 20^2 - 1^2$
$= 400 - 1 = 399$

(2) $42 \times 38 = (40 + 2) \times (40 - 2) = 40^2 - 2^2$
$= 1600 - 4 = 1596$

(3) $37 \times 43 = (40 - 3) \times (40 + 3) = 40^2 - 3^2$
$= 1600 - 9 = 1591$

(4) $61 \times 59 = (60 + 1) \times (60 - 1) = 60^2 - 1^2$
$= 3600 - 1 = 3599$

(5) $83 \times 77 = (80 + 3) \times (80 - 3) = 80^2 - 3^2$
$= 6400 - 9 = 6391$

(6) $103 \times 97 = (100 + 3) \times (100 - 3)$
$= 100^2 - 3^2 = 10000 - 9 = 9991$

(7) $45 \times 55 = (50 - 5) \times (50 + 5) = 50^2 - 5^2$
$= 2500 - 25 = 2475$

(8) $93 \times 87 = (90 + 3) \times (90 - 3) = 90^2 - 3^2$
$= 8100 - 9 = 8091$

(9) $46 \times 54 = (50 - 4) \times (50 + 4) = 50^2 - 4^2$
$= 2500 - 16 = 2484$

(10) $86 \times 74 = (80 + 6) \times (80 - 6) = 80^2 - 6^2$
$= 6400 - 36 = 6364$

第1章　かけ算，割り算

【補足】

 和差積の公式をすぐに適用できる形は，かけ算する2数が比較的近い数で，かつそれらの数字の平均（ちょうど真ん中の数）が簡単な数字になるときです。

 では，$28 \times 33 = ?$ という計算はどうでしょう。よく見ると，28と33の平均が30.5となり，和差積の公式がそのまま使えません。この場合は，$33 = 32 + 1$ と考えて，

$$28 \times 33 = 28 \times (32 + 1) = 28 \times 32 + 28$$
$$= (30 - 2) \times (30 + 2) + 28 = 900 - 4 + 28$$
$$= 924$$

とすれば計算できます。

十和一等

例題 8(制限時間 3 秒)

$72 \times 32 = ?$

【解説】

2 桁どうしのかけ算の場合,
(1) かけ算をする 2 数の十の位の和が 10 である(十和)
(2) かけ算をする 2 数の一の位が等しい(一等)
という「十和一等」の条件を満たすかけ算の答えは,あっという間に出すことができます。

手順 1:十の位の数どうしをかけ算して,そこに一の位の数を足す。

　$7 \times 3 + 2 = 23$

手順 2:一の位どうしをかけ算する。答えが 1 桁の場合は 0 を頭につけて 2 桁にする。

　$2 \times 2 = 4$　より　04

手順 3:これら 2 つの数をくっつける。

　$72 \times 32 = 2304$

第1章　かけ算，割り算

【問題】

次の計算をしてください（制限時間：各問とも3秒）。

(1)　43 × 63 = ?

(2)　27 × 87 = ?

(3)　64 × 44 = ?

(4)　99 × 19 = ?

(5)　75 × 35 = ?

(6)　52 × 52 = ?

(7)　68 × 48 = ?

(8)　21 × 81 = ?

(9)　97 × 17 = ?

(10) 36 × 76 = ?

【解答】

(1) $43 \times 63 = 2709$
  $(4 \times 6 + 3 = 27,\ 3 \times 3 = 9$ より$)$

(2) $27 \times 87 = 2349$
  $(2 \times 8 + 7 = 23,\ 7 \times 7 = 49$ より$)$

(3) $64 \times 44 = 2816$
  $(6 \times 4 + 4 = 28,\ 4 \times 4 = 16$ より$)$

(4) $99 \times 19 = 1881$
  $(9 \times 1 + 9 = 18,\ 9 \times 9 = 81$ より$)$

(5) $75 \times 35 = 2625$
  $(7 \times 3 + 5 = 26,\ 5 \times 5 = 25$ より$)$

(6) $52 \times 52 = 2704$
  $(5 \times 5 + 2 = 27,\ 2 \times 2 = 4$ より$)$

(7) $68 \times 48 = 3264$
  $(6 \times 4 + 8 = 32,\ 8 \times 8 = 64$ より$)$

(8) $21 \times 81 = 1701$
  $(2 \times 8 + 1 = 17,\ 1 \times 1 = 1$ より$)$

(9) $97 \times 17 = 1649$
  $(9 \times 1 + 7 = 16,\ 7 \times 7 = 49$ より$)$

(10) $36 \times 76 = 2736$
  $(3 \times 7 + 6 = 27,\ 6 \times 6 = 36$ より$)$

第1章　かけ算，割り算

【補足】

「十和一等」の計算の魅力は，和差積と違って2数の差が少しぐらい大きくても使えることです。そして，「十和一等」の条件から少し外れている場合でも，うまく「十和一等」の計算に持ち込むことができます。

例えば 24×94 を計算したいとき，一の位は「一等」の条件を満たしていますが，十の位が $2 + 9 = 11$ なのでうまくいきません。この場合は，9が8なら「十和一等」を満たすので，式を変形します。

$$\begin{aligned} & 24 \times 94 \\ =\ & 24 \times (84 + 10) \\ =\ & 24 \times 84 + 240 = 2016 + 240 \\ =\ & 2256 \end{aligned}$$

十等一和

例題9（制限時間3秒）

$27 \times 23 = ?$

【解説】

前節で紹介した「十和一等」と逆で,「十等一和」という計算法もあります。

十等一和の条件は,
(1) かけ算をする2数の十の位が等しい（十等）
(2) かけ算をする2数の一の位の和が10である（一和）

答えは次のようになります。

手順1：十の位の数字と, その数より1多い数をかけ算する。

　　$2 \times 3 = 6$

手順2：一の位どうしをかけ算する。答えが1桁の場合は0を頭につけて2桁にする。

　　$7 \times 3 = 21$

手順3：これら2つの数をくっつける。

　　$27 \times 23 = 621$

第 1 章　かけ算，割り算

【問題】
次の計算をしてください（制限時間：各問とも 3 秒）。

(1)　29 × 21 = ?

(2)　53 × 57 = ?

(3)　37 × 33 = ?

(4)　42 × 48 = ?

(5)　66 × 64 = ?

(6)　92 × 98 = ?

(7)　47 × 43 = ?

(8)　79 × 71 = ?

(9)　96 × 94 = ?

(10) 108 × 102 = ?

【解答】

(1) $29 \times 21 = 609$
 $(2 \times 3 = 6,\ 9 \times 1 = 9\ より)$
(2) $53 \times 57 = 3021$
 $(5 \times 6 = 30,\ 3 \times 7 = 21\ より)$
(3) $37 \times 33 = 1221$
 $(3 \times 4 = 12,\ 7 \times 3 = 21\ より)$
(4) $42 \times 48 = 2016$
 $(4 \times 5 = 20,\ 2 \times 8 = 16\ より)$
(5) $66 \times 64 = 4224$
 $(6 \times 7 = 42,\ 6 \times 4 = 24\ より)$
(6) $92 \times 98 = 9016$
 $(9 \times 10 = 90,\ 2 \times 8 = 16\ より)$
(7) $47 \times 43 = 2021$
 $(4 \times 5 = 20,\ 7 \times 3 = 21\ より)$
(8) $79 \times 71 = 5609$
 $(7 \times 8 = 56,\ 9 \times 1 = 9\ より)$
(9) $96 \times 94 = 9024$
 $(9 \times 10 = 90,\ 6 \times 4 = 24\ より)$
(10) $108 \times 102 = 11016$
 $(10 \times 11 = 110,\ 8 \times 2 = 16\ より)$

【補足】

「十等一和」の条件を満たす場合というのは，十の位が等しいために2数が比較的近い場合が多いのですが，そうでない場合でも，うまく持ち込むことができます。

例えば $86 \times 34 = ?$ という計算の場合，$86 = 50 + 36$ と考えれば，36×34 の部分で「十等一和」の計算が使えます。

$$
\begin{aligned}
& 86 \times 34 \\
=& (50 + 36) \times 34 \\
=& 50 \times 34 + 36 \times 34 \\
=& 1700 + 1224 \\
=& 2924
\end{aligned}
$$

慣れてくれば，一見関係なさそうなかけ算からも，「十和一等」「十等一和」の条件が見えてくるものです。

スライド方式

― 例題 10（制限時間 3 秒）―

48 × 48 = ?

【解説】

和差積の公式をここでもう一度思い出してみましょう。

(A − B)×(A + B) = A × A − B × B

この式を少し変形すると，

A × A = (A − B)×(A + B) + B × B

となります。この式を用いることで，ある数の 2 乗（平方）を簡単に計算することができます。これをスライド方式と呼びます。

48 × 48 の計算では，上の公式の A を 48，B を 2 とすれば，

$$\begin{aligned}
& 48 \times 48 \\
=\ & (48 - 2) \times (48 + 2) + 2 \times 2 \\
=\ & 46 \times 50 + 2 \times 2 \\
=\ & 2300 + 4 \\
=\ & 2304
\end{aligned}$$

第1章 かけ算，割り算

【問題】

次の計算をしてください(制限時間：各問とも3〜5秒)。

(1) 21 × 21 = ?

(2) 28 × 28 = ?

(3) 32 × 32 = ?

(4) 41 × 41 = ?

(5) 52 × 52 = ?

(6) 49 × 49 = ?

(7) 26 × 26 = ?

(8) 97 × 97 = ?

(9) 88 × 88 = ?

(10) 195 × 195 = ?

【解答】
 (1) $21 \times 21 = 20 \times 22 + 1 \times 1 = 441$
 (2) $28 \times 28 = 30 \times 26 + 2 \times 2 = 784$
 (3) $32 \times 32 = 30 \times 34 + 2 \times 2 = 1024$
 (4) $41 \times 41 = 40 \times 42 + 1 \times 1 = 1681$
 (5) $52 \times 52 = 50 \times 54 + 2 \times 2 = 2704$
 (6) $49 \times 49 = 50 \times 48 + 1 \times 1 = 2401$
 (7) $26 \times 26 = 30 \times 22 + 4 \times 4 = 676$
 (8) $97 \times 97 = 100 \times 94 + 3 \times 3 = 9409$
 (9) $88 \times 88 = 100 \times 76 + 12 \times 12 = 7744$
 (10) $195 \times 195 = 200 \times 190 + 5 \times 5 = 38025$

第 1 章　かけ算，割り算

【補足】

　ある数を 2 乗する計算で，一方を（+1）ずつ，もう一方は（-1）ずつ増減することを，「1 回スライドする」と表すことにします。例えば 48×48 の場合，こんな感じです。

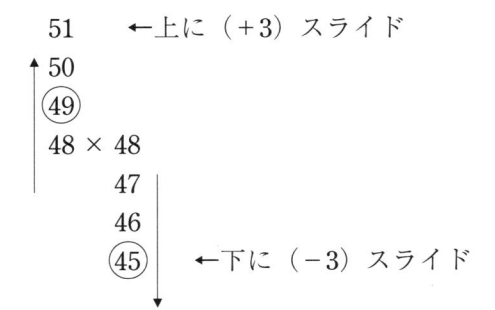

```
    51      ←上に（+3）スライド
  ↑ 50
   (49)
    48 × 48
          47
          46
         (45)  ←下に（-3）スライド
            ↓
```

何度かスライドして，一番計算しやすいかけ算になったところでその計算をして，そこにスライドした回数の 2 乗を足し算すればよい，というわけです。

　50×46 が計算しやすいので，2 回スライドします。

分数変換

— **例題 11**(制限時間各 2 秒)————————————

次の小数を分数で表してください。
0.2 = ?   0.4 = ?
0.75 = ?   0.0625 = ?

―――――――――――――――――――――――――

【解説】

小数と聞くと,どうしても「小数点が出てきてめんどうだ」と思いがちです。でも小数を分数に変換することで,計算が簡単になることがよくあります。そこでまず,主要な「小数→分数」の変換をおさらいしておきましょう。

$0.2 = \dfrac{1}{5}$ なので,0.2 の倍数はすべて 5 を分母とした分数に変換できます。

$0.4 = \dfrac{2}{5}$, $0.6 = \dfrac{3}{5}$, $0.8 = \dfrac{4}{5}$, $1.2 = \dfrac{6}{5}$, …

同じように,$0.25 = \dfrac{1}{4}$ なので,0.25 の倍数はすべて 4 を分母とした分数に変換できます。

$0.75 = \dfrac{3}{4}$, $1.25 = \dfrac{5}{4}$, $1.75 = \dfrac{7}{4}$, $2.25 = \dfrac{9}{4}$, $2.75 = \dfrac{11}{4}$, …

同様に,$0.125 = \dfrac{1}{8}$ から,

$0.375 = \dfrac{3}{8}$, $0.625 = \dfrac{5}{8}$, $0.875 = \dfrac{7}{8}$, $1.125 = \dfrac{9}{8}$, …

ちなみに $0.0625 = \dfrac{1}{16}$ というのもあります。

第1章　かけ算，割り算

そのほか，$0.04 = \dfrac{1}{25}$ を使って，0.04 の倍数をすべて分数に変換することも可能です。

【問題】

次の小数を分数で表してください（制限時間：各問とも2秒）。

(1)　0.4 = ?

(2)　0.75 = ?

(3)　1.75 = ?

(4)　1.6 = ?

(5)　2.25 = ?

(6)　0.375 = ?

(7)　0.8 = ?

(8)　0.0625 = ?

【解答】

(1) $0.4 = \dfrac{2}{5}$

(2) $0.75 = \dfrac{3}{4}$

(3) $1.75 = \dfrac{7}{4}$

(4) $1.6 = \dfrac{8}{5}$

(5) $2.25 = \dfrac{9}{4}$

(6) $0.375 = \dfrac{3}{8}$

(7) $0.8 = \dfrac{4}{5}$

(8) $0.0625 = \dfrac{1}{16}$

第1章　かけ算，割り算

【補足】

　小数と分数には，それぞれメリットとデメリットがあります。小数のメリットは，足し算がしやすいことです。

$$0.4 + 0.125 = 0.525$$

これを分数で計算すると，通分が必要になり面倒です。

$$\frac{2}{5}+\frac{1}{8}=\frac{16}{40}+\frac{5}{40}=\frac{21}{40}$$

反対に分数のメリットは，かけ算や割り算が簡単にできることです。分数だと，

$$35 \times \frac{2}{5} \times \frac{1}{8} = \frac{7}{4} \quad \leftarrow 約分が可能$$

小数だと，

$$35 \times 0.4 \times 0.125 = 35 \times 0.05$$
$$= 1.75 \quad \leftarrow ある程度の工夫は可能$$

　かけ算で小数が出てきたら「分数に変換」と覚えておくと，便利です。

分数変換を用いたかけ算

例題 12(制限時間 3 秒)

$45 \times 0.6 = ?$

【解説】

前節で小数→分数変換を練習したので,その応用として小数の入ったかけ算を練習しましょう。

0.6 は分数に変換すると $\frac{3}{5}$ より,

$$\begin{aligned}
& 45 \times 0.6 \\
=\ & 45 \times \frac{3}{5} \\
=\ & 45 \div 5 \times 3 \\
=\ & 9 \times 3 \\
=\ & 27
\end{aligned}$$

第1章 かけ算，割り算

【問題】

次の計算をしてください（制限時間：各問とも3秒）。

(1) $35 \times 0.8 = ?$

(2) $108 \times 0.25 = ?$

(3) $45 \times 0.4 = ?$

(4) $28 \times 0.75 = ?$

(5) $175 \times 0.12 = ?$

(6) $48 \times 0.375 = ?$

(7) $56 \times 0.625 = ?$

(8) $64 \times 0.0625 = ?$

(9) $34 \times 1.2 \times 1.25 = ?$

(10) $15 \times 15 \times 0.64 = ?$

【解答】

(1) $35 \times 0.8 = 35 \times \dfrac{4}{5} = 28$

(2) $108 \times 0.25 = 108 \times \dfrac{1}{4} = 27$

(3) $45 \times 0.4 = 45 \times \dfrac{2}{5} = 18$

(4) $28 \times 0.75 = 28 \times \dfrac{3}{4} = 21$

(5) $175 \times 0.12 = 175 \times \dfrac{3}{25} = 21$

(6) $48 \times 0.375 = 48 \times \dfrac{3}{8} = 18$

(7) $56 \times 0.625 = 56 \times \dfrac{5}{8} = 35$

(8) $64 \times 0.0625 = 64 \times \dfrac{1}{16} = 4$

(9) $34 \times 1.2 \times 1.25 = 34 \times \left(\dfrac{6}{5} \times \dfrac{5}{4}\right) = 34 \times \dfrac{3}{2}$
$\qquad = 51$

(10) $15 \times 15 \times 0.64 = (3^2 \times 5^2) \times \dfrac{16}{25} = 9 \times 16$
$\qquad = 144$

第 1 章　かけ算，割り算

【補足】

　分数は，分子を分母で割った形をしています。それをかけ算することは，分子をかけ算して分母で割ることを意味するのです。

　例題の 45 × 0.6 の計算の場合，$0.6 = \dfrac{3}{5}$ なので，これを書き直すと，

　　$45 \div 5 \times 3$

と表すこともできます。

　スーパーで買い物をしているときなど，「20%割引」というシールが貼られていることがあります。こういうときに，分数変換が役に立ちます。例えば 350 円の 20%割引（0.8 倍）でしたら，

　　$350 \times 0.8 = 350 \times \dfrac{4}{5} = 350 \div 5 \times 4 = 280$

となります。

2乗, 3乗, 主要な数の累乗

例題 13（制限時間各 2 秒）

$15^2 = ?$ $2^4 = ?$
$2^8 = ?$ $3^4 = ?$

【解説】

非常によく出てくる, 主要な数の 2 乗や 3 乗, 累乗なども暗記してしまいましょう。

$11^2 = 121$ $2^2 = 4$ $3^2 = 9$
$12^2 = 144$ $2^3 = 8$ $3^3 = 27$
$13^2 = 169$ $2^4 = 16$ $3^4 = 81$
$14^2 = 196$ $2^5 = 32$ $3^5 = 243$
$15^2 = 225$ $2^6 = 64$ $3^6 = 729$
$16^2 = 256$ $2^7 = 128$
$17^2 = 289$ $2^8 = 256$ $4^3 = 64$
$18^2 = 324$ $2^9 = 512$ $5^3 = 125$
$19^2 = 361$ $2^{10} = 1024$ $6^3 = 216$

第1章 かけ算，割り算

【問題】

次の計算をしてください（制限時間：各問とも2秒）。

(1) $18^2 = ?$

(2) $14^2 = ?$

(3) $13^2 = ?$

(4) $17^2 = ?$

(5) $5^3 = ?$

(6) $6^3 = ?$

(7) $2^4 = ?$

(8) $4^3 = ?$

(9) $2^5 = ?$

(10) $3^5 = ?$

(11) $2^9 = ?$

【解答】
(1) $18^2 = 324$
(2) $14^2 = 196$
(3) $13^2 = 169$
(4) $17^2 = 289$
(5) $5^3 = 125$
(6) $6^3 = 216$
(7) $2^4 = 16$
(8) $4^3 = 64$
(9) $2^5 = 32$
(10) $3^5 = 243$
(11) $2^9 = 512$

【補足】

どんな計算術よりも，暗記した答えにかなうものはありません。答えを暗記しさえすれば，速くて確実なのです。

日常生活などでよく出てくる計算結果はある程度，暗記してしまうことです。

2と5をたくさん含むかけ算

例題 14（制限時間 7 秒）

$125 \times 12 \times 45 \times 4 = ?$

【解説】

かけ算を見たとき，2と5がたくさん含まれている場合には，まず2と5の個数を数え，2と5どうしを先にかけ算します。

$125 = 5 \times 5 \times 5$ 　　より，5が3つ
$12 = 2 \times 2 \times 3$ 　　より，2が2つ
$45 = 9 \times 5$ 　　より，5が1つ
$4 = 2 \times 2$ 　　より，2が2つ

そこで，$125 \times 12 \times 45 \times 4$ を分解すると，

$125 \times 12 \times 45 \times 4$
$= 5^3 \times 2^2 \times 3 \times 9 \times 5 \times 2^2$
$= (2 \times 5)^4 \times 27$
$= 270000$

となります。

第 1 章　かけ算，割り算

【問題】

次の計算をしてください（制限時間：各問とも 7 秒）。

(1)　$4 \times 125 \times 2 = ?$

(2)　$75 \times 2 \times 24 = ?$

(3)　$24 \times 625 = ?$

(4)　$45 \times 54 = ?$

(5)　$12 \times 6 \times 25 \times 15 = ?$

(6)　$125 \times 56 = ?$

(7)　$28 \times 625 = ?$

(8)　$128 \times 3125 = ?$

(9)　$125 \times 15 \times 48 = ?$

(10)　$24 \times 15 \times 25 \times 12 = ?$

【解答】

(1) $4 \times 125 \times 2 = 2^3 \times 5^3 = (2 \times 5)^3 = 1000$

(2) $75 \times 2 \times 24 = 5^2 \times 3 \times 2 \times 2^3 \times 3$
$= (2 \times 5)^2 \times 3^2 \times 2^2 = 3600$

(3) $24 \times 625 = 3 \times 2^3 \times 5^4 = (2 \times 5)^3 \times 3 \times 5$
$= 15000$

(4) $45 \times 54 = 9 \times 5 \times 9 \times 3 \times 2$
$= 9^2 \times 3 \times 10 = 2430$

(5) $12 \times 6 \times 25 \times 15 = 2^2 \times 3 \times 2 \times 3 \times 5^2 \times 3 \times 5$
$= 2^3 \times 3^3 \times 5^3$
$= (2 \times 5 \times 3)^3 = 27000$

(6) $125 \times 56 = 5^3 \times 2^3 \times 7 = (5 \times 2)^3 \times 7$
$= 7000$

(7) $28 \times 625 = 2^2 \times 7 \times 5^4$
$= (2 \times 5)^2 \times 7 \times 25 = 17500$

(8) $128 \times 3125 = 2^7 \times 5^5 = (2 \times 5)^5 \times 2^2$
$= 400000$

(9) $125 \times 15 \times 48 = 5^3 \times 3 \times 5 \times 2^4 \times 3$
$= 2^4 \times 5^4 \times 3^2$
$= (2 \times 5)^4 \times 9 = 90000$

(10) $24 \times 15 \times 25 \times 12$
$= 2^3 \times 3 \times 3 \times 5 \times 5^2 \times 2^2 \times 3$
$= 2^5 \times 3^3 \times 5^3$
$= (2 \times 5)^3 \times 4 \times 27 = 108000$

第1章　かけ算，割り算

【補足】

　計算式を見たとき，まず式全体を見渡して，余計な計算を省くことが，時間の短縮と計算の間違いを減らすことにつながります。とくに，かけ算の極意に，「一つ一つの数の性質を見抜くこと」があります。

　例えば80とか81という数を見たとき，

　　$80 = 2^4 \times 5$　から，2が4つと5が1つ，

　　$81 = 3^4$　　　　から，3が4つ，

　というように，数字の構造から性質が見えてくるものです。

5で割ること

例題 15（制限時間 3 秒）

$830 ÷ 5 = ?$

【解説】

5 で割り算するときも簡単にできます。

5 というのは 10 ÷ 2 なので，5 で割ることは 2 倍して 10 で割ること（あるいは 10 で割ってから 2 倍すること）と同じなのです。

$$\begin{aligned}
&\ 830 ÷ 5 \\
&= 830 × 2 ÷ 10 \\
&= 1660 ÷ 10 \\
&= 166
\end{aligned}$$

第 1 章　かけ算，割り算

【問題】

次の計算をしてください（制限時間：各問とも 3 〜 5 秒）。

(1)　240 ÷ 5 = ?

(2)　630 ÷ 5 = ?

(3)　740 ÷ 5 = ?

(4)　1430 ÷ 5 = ?

(5)　9140 ÷ 5 = ?

(6)　74 ÷ 5 = ?

(7)　44 ÷ 5 = ?

(8)　143 ÷ 5 = ?

(9)　724 ÷ 5 = ?

(10)　4420310 ÷ 5 = ?

【解答】

(1)　$240 \div 5 = 240 \times 2 \div 10 = 480 \div 10 = 48$

(2)　$630 \div 5 = 630 \times 2 \div 10 = 1260 \div 10 = 126$

(3)　$740 \div 5 = 740 \times 2 \div 10 = 1480 \div 10 = 148$

(4)　$1430 \div 5 = 1430 \times 2 \div 10 = 2860 \div 10$
　　　　　　$= 286$

(5)　$9140 \div 5 = 9140 \times 2 \div 10 = 18280 \div 10$
　　　　　　$= 1828$

(6)　$74 \div 5 = 74 \times 2 \div 10 = 148 \div 10 = 14.8$

(7)　$44 \div 5 = 44 \times 2 \div 10 = 88 \div 10 = 8.8$

(8)　$143 \div 5 = 143 \times 2 \div 10 = 286 \div 10 = 28.6$

(9)　$724 \div 5 = 724 \times 2 \div 10 = 1448 \div 10$
　　　　　　$= 144.8$

(10)　$4420310 \div 5 = 4420310 \times 2 \div 10$
　　　　　　$= 8840620 \div 10 = 884062$

【補足】

20 ページに出てきた「5 をかけること」とあわせて

「5 で割ること = 2 倍して 10 で割ること」

「5 倍すること = 10 倍して 2 で割ること」

と覚えておきましょう。これらが同じ作業なのだということを知っていると便利なものです。

二重割り算

例題 16（制限時間 3 秒）

$2600 ÷ 65 = ?$

【解説】

割り切れそうだけどパッと割り算できないときに活躍するのが「二重割り算」です。

2600 も 65 も 13 の倍数ですから，きっと割り切れるだろうと想像はできても，実際の割り算は結構難しいものです。

こんなときは，65 の倍数で 2600 を簡単に割れるような数を見つけ出します。この場合 130 が適しています。これを次のように計算式に挿入するのです。

$$\begin{aligned} & 2600 ÷ 65 \\ =\ & 2600 \underline{÷ 130 × 130} ÷ 65 \\ =\ & 20 × 2 \\ =\ & 40 \end{aligned}$$

第1章 かけ算，割り算

【問題】

次の計算をしてください（制限時間：各問とも3秒）。

(1) 360 ÷ 45 = ?

(2) 280 ÷ 35 = ?

(3) 390 ÷ 15 = ?

(4) 840 ÷ 35 = ?

(5) 810 ÷ 45 = ?

(6) 1210 ÷ 55 = ?

(7) 2200 ÷ 55 = ?

(8) 3800 ÷ 95 = ?

(9) 6800 ÷ 85 = ?

(10) 5200 ÷ 65 = ?

【解答】

(1) $360 \div 45 = 360 \div 90 \times 90 \div 45 = 4 \times 2$
$= 8$

(2) $280 \div 35 = 280 \div 70 \times 70 \div 35 = 4 \times 2$
$= 8$

(3) $390 \div 15 = 390 \div 30 \times 30 \div 15 = 13 \times 2$
$= 26$

(4) $840 \div 35 = 840 \div 70 \times 70 \div 35 = 12 \times 2$
$= 24$

(5) $810 \div 45 = 810 \div 90 \times 90 \div 45 = 9 \times 2$
$= 18$

(6) $1210 \div 55 = 1210 \div 110 \times 110 \div 55$
$= 11 \times 2 = 22$

(7) $2200 \div 55 = 2200 \div 110 \times 110 \div 55$
$= 20 \times 2 = 40$

(8) $3800 \div 95 = 3800 \div 190 \times 190 \div 95$
$= 20 \times 2 = 40$

(9) $6800 \div 85 = 6800 \div 170 \times 170 \div 85$
$= 40 \times 2 = 80$

(10) $5200 \div 65 = 5200 \div 130 \times 130 \div 65$
$= 40 \times 2 = 80$

【補足】

二重割り算は，次のように桁数が大きい割り算でも威力を発揮します。

$$340000 \div 850 = ?$$

こんなときも，挿入する数字をうまく定めれば，簡単に答えが出ます。この場合は850の2倍で1700としましょう。

$$\begin{align}
& 340000 \div 850 \\
=\ & 340000 \div 1700 \times 1700 \div 850 \\
=\ & 200 \times 2 \\
=\ & 400
\end{align}$$

二回割り算

例題 17（制限時間 3 秒）

$7350 \div 21 = ?$

【解説】

割り算のもう一つの便利な方法として、二回割り算を紹介しましょう。

こちらも理屈としては簡単で、割る数を整数の積の形にして、それらで 2 回に分けて割り算します。

この問題は、一挙に 21 で割ろうとせずに、$21 = 7 \times 3$ なので、まず 7 で割り、その商をさらに 3 で割ります。

$$\begin{aligned}
& 7350 \div 21 \\
=\ & 7350 \div (7 \times 3) \\
=\ & (7350 \div 7) \div 3 \\
=\ & 1050 \div 3 \\
=\ & 350
\end{aligned}$$

第1章　かけ算，割り算

【問題】

次の計算をしてください（制限時間：各問とも3秒）。

(1)　252 ÷ 14 = ?

(2)　432 ÷ 18 = ?

(3)　990 ÷ 22 = ?

(4)　780 ÷ 52 = ?

(5)　1690 ÷ 26 = ?

(6)　945 ÷ 35 = ?

(7)　729 ÷ 27 = ?

(8)　714 ÷ 21 = ?

(9)　990 ÷ 55 = ?

(10) 5040 ÷ 63 = ?

【解答】

(1) $252 \div 14 = 252 \div 7 \div 2 = 36 \div 2 = 18$
(2) $432 \div 18 = 432 \div 9 \div 2 = 48 \div 2 = 24$
(3) $990 \div 22 = 990 \div 11 \div 2 = 90 \div 2 = 45$
(4) $780 \div 52 = 780 \div 13 \div 4 = 60 \div 4 = 15$
(5) $1690 \div 26 = 1690 \div 13 \div 2 = 130 \div 2 = 65$
(6) $945 \div 35 = 945 \div 7 \div 5 = 135 \div 5 = 27$
(7) $729 \div 27 = 729 \div 9 \div 3 = 81 \div 3 = 27$
(8) $714 \div 21 = 714 \div 7 \div 3 = 102 \div 3 = 34$
(9) $990 \div 55 = 990 \div 11 \div 5 = 90 \div 5 = 18$
(10) $5040 \div 63 = 5040 \div 9 \div 7 = 560 \div 7 = 80$

第 1 章　かけ算，割り算

【補足】

割り算は必ず割り切れるわけではありません。1 回目の割り算で割り切れないと少し誤差が大きくなる可能性も否定できません。

そこで，もしももう一方でうまく割り切れるのであれば，そちらから先に計算を進めます。

例えば 5200 ÷ 91 の場合，91 = 7 × 13 なので先に 7 で割ると，

$$
\begin{aligned}
&5200 \div 91 \\
=\ &5200 \div 7 \div 13 \\
=\ &742.857\cdots \div 13 \\
=\ &?
\end{aligned}
$$

となって，計算がややこしくなります。そこで，先に 13 で割ると，

$$
\begin{aligned}
&5200 \div 91 \\
=\ &5200 \div 13 \div 7 \\
=\ &400 \div 7 \\
=\ &57.1\cdots
\end{aligned}
$$

となり，答えが得やすくなります。二回割り算では，どちらで先に割るべきなのか，少し注意するよう心がけてください。

章末総合問題 1

次の計算をしてください。

(1) $175 \times 28 = ?$ （制限時間 3 秒）

(2) $16 \times 19 = ?$ （制限時間 3 秒）

(3) $77 \times 73 = ?$ （制限時間 3 秒）

(4) 0.875 を分数で表わすと？ （制限時間 2 秒）

(5) $375 \times 48 \times 25 \times 16 = ?$ （制限時間 7 秒）

(6) $259 \times 5 = ?$ （制限時間 3 秒）

(7) $64 \times 56 = ?$ （制限時間 3 秒）

(8) $630 \div 45 = ?$ （制限時間 3 秒）

(9) $36 \times 0.75 = ?$ （制限時間 3 秒）

(10) $15^2 = ?$ （制限時間 2 秒）

(11) $17 \times 24 \times 125 = ?$ （制限時間 5 秒）

第1章 かけ算，割り算

(12) 53 × 53 = ?　　　　　　　　　（制限時間3秒）

(13) 3890 ÷ 5 = ?　　　　　　　　（制限時間3秒）

(14) 336 ÷ 42 = ?　　　　　　　　（制限時間3秒）

(15) 14 × 65 = ?　　　　　　　　　（制限時間3秒）

(16) 86 × 26 = ?　　　　　　　　　（制限時間3秒）

答えは184ページ

第2章
足し算, 引き算

等差数列の足し算

例題 18(制限時間3秒)

$2 + 4 + 6 + 8 + 10 = ?$

【解説】

複数の数字を足し算するときに,それらの数字の平均がすぐにわかるのであれば,

　(平均)×(数字の個数)

で,面倒な足し算が簡単なかけ算に変わります。

足し算する数字が等差数列(同じ数ずつ増えたり減ったりする数列)のときは,真ん中の数字が平均です。例題は奇数個の等差数列なので,平均は真ん中の6となり,

　$2 + 4 + 6 + 8 + 10 = 6 × 5 = 30$

偶数個の場合は真ん中の数字がないので,中央の2数の平均を計算します。例えば,

　$2 + 4 + 6 + 8 + 10 + 12 = ?$

では,足し算する数字が偶数個なので,平均は中央の2数,6と8の平均をとって,

　$= (6 + 8) ÷ 2 × 6 = 7 × 6 = 42$

となります。

第2章 足し算，引き算

【問題】
次の計算をしてください（制限時間：各問とも3〜5秒）。

(1) 14 + 15 + 16 + 17 + 18 = ?

(2) 22 + 26 + 30 + 34 + 38 = ?

(3) 17 + 19 + 21 + 23 + 25 + 27 = ?

(4) 51 + 48 + 45 + 42 + 39 + 36 = ?

(5) 183 + 186 + 189 + 192 + 195 + 198 = ?

(6) 21 + 22 + 23 + 24 + 25 + 26 + 27 = ?

(7) 84 + 88 + 92 + 96 + 100 + 104 + 108 = ?

(8) 99 + 94 + 89 + 84 + 79 + 74 + 69 + 64 = ?

(9) 11 + 13 + 15 + 17 + 19 + 21 + 23 + 25 = ?

(10) 108 + 93 + 98 + 103 + 88 + 83 = ?

【解答】

(1) $14 + 15 + 16 + 17 + 18 = 16 \times 5 = 80$

(2) $22 + 26 + 30 + 34 + 38 = 30 \times 5 = 150$

(3) $17 + 19 + 21 + 23 + 25 + 27 = 22 \times 6$
$= 132$

(4) $51 + 48 + 45 + 42 + 39 + 36$
$= (45 + 42) \times 3 = 261$

(5) $183 + 186 + 189 + 192 + 195 + 198$
$= (189 + 192) \times 3 = 381 \times 3 = 1143$

(6) $21 + 22 + 23 + 24 + 25 + 26 + 27$
$= 24 \times 7 = 168$

(7) $84 + 88 + 92 + 96 + 100 + 104 + 108$
$= 96 \times 7 = 672$

(8) $99 + 94 + 89 + 84 + 79 + 74 + 69 + 64$
$= (84 + 79) \times 4 = 652$

(9) $11 + 13 + 15 + 17 + 19 + 21 + 23 + 25$
$= (17 + 19) \times 4 = 144$

(10) $108 + 93 + 98 + 103 + 88 + 83$
$= (98 + 93) \times 3 = 573$

第2章 足し算,引き算

【補足】

高校の数学では,

等差数列の和＝(初項＋末項)×項数÷2

という公式を学習します。この公式を使うと奇数と偶数の場合分けをしなくてよい反面,計算量が少し多くなります。

項数が奇数個の場合は,真ん中の数さえ見つけ出せばすぐにかけ算に変換できます。また,偶数個の場合も,中央の2数は近い値ですから,その平均は意外と求めやすいものです。

等差数列の真ん中を探すという作業は目だけでできるので,結局こちらのほうが速く計算できる場合が多いのです。

等差数列を見抜く足し算

例題 19（制限時間 10 秒）

$140 + 160 + 178 + 200 + 221 = ?$

【解説】

厳密に等差数列でない場合は，うまく過不足分を補って次のように等差数列を作り出しましょう。

$$\begin{aligned}
& 140 + 160 + 178 + 200 + 221 \\
= & 140 + 160 + (180 - 2) + 200 + (220 + 1) \\
= & (140 + 160 + 180 + 200 + 220) + (-2 + 1) \\
= & 180 \times 5 - 1 \\
= & 900 - 1 \\
= & 899
\end{aligned}$$

第2章 足し算，引き算

【問題】
　次の計算をしてください（制限時間：各問とも10秒）。

（1）　128 + 158 + 185 = ?

（2）　19 + 26 + 30 + 35 = ?

（3）　10 + 15 + 19 + 25 + 29 = ?

（4）　93 + 83 + 73 + 68 + 53 = ?

（5）　20 + 62 + 104 + 140 + 179 = ?

（6）　20 + 39 + 59 + 81 + 99 = ?

（7）　121 + 139 + 162 + 181 + 203 + 218 = ?

【解答】

(1) $128 + 158 + 185 = 128 + 158 + (188 - 3)$
$= 158 \times 3 - 3 = 474 - 3 = 471$

(2) $19 + 26 + 30 + 35$
$= (20 - 1) + (25 + 1) + 30 + 35$
$= 20 + 25 + 30 + 35 = (25 + 30) \times 2 = 110$

(3) $10 + 15 + 19 + 25 + 29$
$= 10 + 15 + (20 - 1) + 25 + (30 - 1)$
$= (10 + 15 + 20 + 25 + 30) + (-1 - 1)$
$= 20 \times 5 - 2 = 98$

(4) $93 + 83 + 73 + 68 + 53$
$= 93 + 83 + 73 + (63 + 5) + 53$
$= 73 \times 5 + 5 = 370$

(5) $20 + 62 + 104 + 140 + 179$
$= 20 + (60 + 2) + (100 + 4) + 140 + (180 - 1)$
$= 100 \times 5 + (2 + 4 - 1) = 505$

(6) $20 + 39 + 59 + 81 + 99$
$= 20 + (40 - 1) + (60 - 1) + (80 + 1) + (100 - 1)$
$= 60 \times 5 - 2 = 298$

(7) $121 + 139 + 162 + 181 + 203 + 218$
$= (120 + 1) + (140 - 1) + (160 + 2) + (180 + 1)$
$\quad + (200 + 3) + (220 - 2)$
$= (160 + 180) \times 3 + (1 - 1 + 2 + 1 + 3 - 2)$
$= 1020 + 4 = 1024$

第2章 足し算，引き算

【補足】

足し算をするいくつかの数が，ほぼ等差数列になっているというのはよくあることですが，そうでなくても，効率のよい等差数列を見抜くことさえできれば，答えが簡単に求まることも多いのです。

24 + 35 + 60 + 49 + 75 = ?

こんな問題の場合，例えば24と60から，24, 36, 48, 60, 72 という等差数列に近いことを見抜くと，答えが簡単に出ます。

$$\begin{align} &24 + 35 + 60 + 49 + 75 \\ =\ &24 + (36 - 1) + (48 + 1) + 60 + (72 + 3) \\ =\ &(24 + 36 + 48 + 60 + 72) + (-1 + 1 + 3) \\ =\ &48 \times 5 + 3 \\ =\ &243 \end{align}$$

グループ化

例題 20（制限時間 3 秒）

174 + 89 + 226 = ?

【解説】

今までの例と違って，数字がランダムな場合は，ともかく相性のよい数字どうしを探し出して先に足します。

174 + 89 を計算するより先に，174 + 226 = 400 を計算すれば，89 を簡単に足すことができます。

$$\begin{aligned}
& 174 + 89 + 226 \\
=& (174 + 226) + 89 \\
=& 400 + 89 \\
=& 489
\end{aligned}$$

第2章　足し算，引き算

【問題】

次の計算をしてください（制限時間：各問とも3～10秒）。

(1) 46 + 88 + 54 = ?

(2) 386 + 251 + 149 = ?

(3) 83 + 58 + 92 + 67 = ?

(4) 183 + 162 + 158 + 117 + 138 = ?

(5) 194 + 427 + 828 + 273 + 506 = ?

(6) 32 + 53 + 29 + 47 + 68 + 71 = ?

(7) 52 + 72 + 61 + 41 + 29 + 49 = ?

(8) 281 + 209 + 418 + 419 + 391 + 382 = ?

(9) 48 + 81 + 83 + 29 + 56 + 47 + 52 = ?

(10) 291 + 482 + 436 + 381 + 209 + 308 + 319 = ?

【解答】

(1) $46 + 88 + 54 = (46 + 54) + 88 = 188$

(2) $386 + 251 + 149 = 386 + (251 + 149) = 786$

(3) $83 + 58 + 92 + 67 = (83 + 67) + (58 + 92)$
$= 150 + 150 = 300$

(4) $183 + 162 + 158 + 117 + 138$
$= (183 + 117) + (162 + 138) + 158$
$= 300 + 300 + 158 = 758$

(5) $194 + 427 + 828 + 273 + 506$
$= (194 + 506) + (427 + 273) + 828$
$= 700 + 700 + 828 = 2228$

(6) $32 + 53 + 29 + 47 + 68 + 71$
$= (32 + 68) + (53 + 47) + (29 + 71) = 300$

(7) $52 + 72 + 61 + 41 + 29 + 49$
$= (52 + 49) + (72 + 29) + (61 + 41)$
$= 101 + 101 + 102 = 304$

(8) $281 + 209 + 418 + 419 + 391 + 382$
$= (281 + 419) + (209 + 391) + (418 + 382)$
$= 700 + 600 + 800 = 2100$

(9) $48 + 81 + 83 + 29 + 56 + 47 + 52$
$= (48 + 52) + (81 + 29) + (83 + 47) + 56$
$= 100 + 110 + 130 + 56 = 396$

(10) $291 + 482 + 436 + 381 + 209 + 308 + 319$
$= (291 + 209) + (482 + 308) + (381 + 319) + 436$
$= 500 + 790 + 700 + 436 = 2426$

【補足】

足し算しやすい2数を見出して、グループ化するためのコツは、一の位どうしを足し算して10になるものを探すことです。

一の位どうしの足し算が10にならないときには、十の位で繰り上がりが起こらないようにうまくグループ化すると、計算が簡単になる場合があります。

$$263 + 782 + 329$$
$$= (263 + 329) + 782$$
$$= 592 + 782$$
$$= 1374$$

おつりの勘定

例題 21（制限時間 3 秒）

$10000 - 1824 = ?$

【解説】

千円札や 1 万円札を出したときにおつりがいくらもらえるのか, あまり意識せずに生活している方も多いでしょう。その原因の一つは, 繰り下がりが多くて暗算できないことにあります。

10000 から引き算するときは, 10000 = 9999 + 1 と考えることですべての桁を 9 にしてから計算をすると, 簡単に引き算ができます。

$$10000 - 1824$$
$$= (9999 - 1824) + 1$$
$$= 8175 + 1$$
$$= 8176$$

第2章 足し算，引き算

【問題】

次の計算をしてください（制限時間：各問とも3秒）。

(1) $1000 - 894 = ?$

(2) $2000 - 1392 = ?$

(3) $3000 - 1849 = ?$

(4) $4000 - 2104 = ?$

(5) $5000 - 321 = ?$

(6) $6500 - 3248 = ?$

(7) $10000 - 2192 = ?$

(8) $20000 - 19725 = ?$

(9) $30500 - 3826 = ?$

(10) $100000 - 15428 = ?$

【解答】
(1) $1000 - 894 = 999 - 894 + 1 = 105 + 1$
 $= 106$
(2) $2000 - 1392 = 1999 - 1392 + 1 = 607 + 1$
 $= 608$
(3) $3000 - 1849 = 2999 - 1849 + 1 = 1150 + 1$
 $= 1151$
(4) $4000 - 2104 = 3999 - 2104 + 1 = 1895 + 1$
 $= 1896$
(5) $5000 - 321 = 4999 - 321 + 1 = 4678 + 1$
 $= 4679$
(6) $6500 - 3248 = 6499 - 3248 + 1 = 3251 + 1$
 $= 3252$
(7) $10000 - 2192 = 9999 - 2192 + 1 = 7807 + 1$
 $= 7808$
(8) $20000 - 19725 = 19999 - 19725 + 1$
 $= 274 + 1 = 275$
(9) $30500 - 3826 = 29999 - 3826 + 501$
 $= 26173 + 501 = 26674$
(10) $100000 - 15428 = 99999 - 15428 + 1$
 $= 84571 + 1 = 84572$

第2章 足し算，引き算

【補足】

　実際に買い物などで，お札を出しておつりをもらう計算では，9からの引き算が何度も出てきます。そこで，足して9になるペアをすべて覚えてしまいましょう。

　　1　と　8
　　2　と　7
　　3　と　6
　　4　と　5

5628円の買い物をして，1万円札でおつりをもらうとき，

　　　10000 − 5628
　　= 9999 − 5628 + 1
　　= 4372

各位の数字のペアから簡単に計算ができます。

　　5　6　2　8
　　↓　↓　↓　↓
　　4　3　7　2　← 一の位だけは10から引き算

両替方式

―― **例題 22**（制限時間 5 秒）――――――――――

$24323 - 9828 = ?$

――――――――――――――――――――――

【解説】

普通に暗算で引き算をするときは，繰り下がりがなければそのまま引き算できます。でも大抵は，繰り下がりが出てくるものです。そんなときに両替方式を使います。

いま財布に 24323 円入っています。9828 円の買い物をしたとき，財布の中の 1 万円札で買い物をして，そのおつりを財布に戻すのではないでしょうか。これを計算でも応用するのです。

$$
\begin{aligned}
& 24323 - 9828 \\
=\ & (10000 - 9828) + 14323 \\
=\ & 172 + 14323 \\
=\ & 14495
\end{aligned}
$$

第2章 足し算，引き算

【問題】

次の計算をしてください(制限時間：各問とも3〜10秒)。

(1) 871 − 194 = ?

(2) 927 − 485 = ?

(3) 1829 − 581 = ?

(4) 4372 − 2918 = ?

(5) 2892 − 1938 = ?

(6) 9183 − 2789 = ?

(7) 19482 − 3925 = ?

(8) 28142 − 3791 = ?

(9) 81372 − 9683 = ?

(10) 121183 − 9938 = ?

【解答】
(1)　$871 - 194 = 671 + 200 - 194 = 671 + 6$
　　$= 677$
(2)　$927 - 485 = 427 + 500 - 485 = 427 + 15$
　　$= 442$
(3)　$1829 - 581 = 1229 + 600 - 581$
　　$= 1229 + 19 = 1248$
(4)　$4372 - 2918 = 1372 + 3000 - 2918$
　　$= 1372 + 82 = 1454$
(5)　$2892 - 1938 = 892 + 2000 - 1938$
　　$= 892 + 62 = 954$
(6)　$9183 - 2789 = 6183 + 3000 - 2789$
　　$= 6183 + 211 = 6394$
(7)　$19482 - 3925 = 15482 + 4000 - 3925$
　　$= 15482 + 75 = 15557$
(8)　$28142 - 3791 = 24142 + 4000 - 3791$
　　$= 24142 + 209 = 24351$
(9)　$81372 - 9683 = 71372 + 10000 - 9683$
　　$= 71372 + 317 = 71689$
(10)　$121183 - 9938 = 111183 + 10000 - 9938$
　　$= 111183 + 62 = 111245$

【補足】

この計算方式は，うまく行く場合とそうでない場合があります。

例えば19284円持っていて，7122円の買い物をするときは，1万円札でおつりをもらわなくても，9284円から7122円を普通に支払うのではないでしょうか。

$$\begin{aligned}
& 19284 - 7122 \\
=& (9284 - 7122) + 10000 \\
=& 2162 + 10000 \\
=& 12162
\end{aligned}$$

こんな場合に両替方式を使って1万円札から払おうとすると，

$$\begin{aligned}
& 19284 - 7122 \\
=& (10000 - 7122) + 9284 \\
=& 2878 + 9284 \\
=& \cdots
\end{aligned}$$

となり，思ったより面倒なことになります。

まんじゅう数え上げ方式

―― **例題 23**（制限時間 10 秒）――

789 + 398 + 612 = ?

【解説】

「まんじゅう数え上げ方式」とは，ある程度のカタマリを 1 個のまんじゅうと考えて，過不足分を後で修正する方法です。

例題の場合，200 をまんじゅう 1 個と考えて，

$$
\begin{aligned}
&789 + 398 + 612 \\
&= (800 - 11) + (400 - 2) + (600 + 12) \\
&= (800 + 400 + 600) + (-11 - 2 + 12) \\
&= 200 \times (4 + 2 + 3) - 1 \\
&= 1800 - 1 \\
&= 1799
\end{aligned}
$$

第2章 足し算, 引き算

【問題】

次の計算をしてください（制限時間：各問とも10秒）。

(1)　298 + 398 + 605 = ?

(2)　794 + 798 + 698 = ?

(3)　898 + 982 + 820 = ?

(4)　185 + 395 + 395 + 388 = ?

(5)　388 + 498 + 398 + 582 = ?

(6)　4980 + 5980 + 4800 + 2990 = ?

(7)　198 + 198 + 208 + 398 + 320 = ?

(8)　298 × 3 + 798 + 698 = ?

【解答】

(1) $298 + 398 + 605$
$= (3 + 4 + 6) \times 100 + (-2 - 2 + 5)$
$= 1300 + 1 = 1301$

(2) $794 + 798 + 698$
$= (8 + 8 + 7) \times 100 + (-6 - 2 - 2)$
$= 2300 - 10 = 2290$

(3) $898 + 982 + 820$
$= (9 + 10 + 8) \times 100 + (-2 - 18 + 20)$
$= 2700$

(4) $185 + 395 + 395 + 388$
$= (1 + 2 + 2 + 2) \times 200 + (-15 - 5 - 5 - 12)$
$= 1400 - 37 = 1363$

(5) $388 + 498 + 398 + 582$
$= (4 + 5 + 4 + 6) \times 100 + (-12 - 2 - 2 - 18)$
$= 1900 - 34 = 1866$

(6) $4980 + 5980 + 4800 + 2990$
$= (5 + 6 + 5 + 3) \times 1000$
$\quad + (-20 - 20 - 200 - 10)$
$= 19000 - 250 = 18750$

(7) $198 + 198 + 208 + 398 + 320$
$= (2 + 2 + 2 + 4 + 3) \times 100$
$\quad + (-2 - 2 + 8 - 2 + 20)$
$= 1300 + 22 = 1322$

(8) $298 \times 3 + 798 + 698$
$= (3 \times 3 + 8 + 7) \times 100 + (-2 \times 3 - 2 - 2)$
$= 2400 - 10 = 2390$

第2章 足し算，引き算

【補足】

まんじゅうを数えた後の過不足の計算が面倒なこともあります。もしも概算でいいのであれば，過不足分は無視する手もあります。

789 + 398 + 612 を計算するのであれば，

```
789 + 398 + 612 = ?
 ○    ○    ○
 ○    ○    ○
 ○         ○
 ○
```

200 × 9 = 1800 ぐらい？　という感じで大雑把に計算します。

章末総合問題2

次の計算をしてください。

(1) 32000 − 19384 = ?　　　　　　（制限時間 5 秒）

(2) 36 + 41 + 46 + 51 + 56 = ?　（制限時間 3 秒）

(3) 4152 − 2894 = ?　　　　　　　（制限時間 5 秒）

(4) 159 + 179 + 202 + 217 + 238 + 262 = ?
　　　　　　　　　　　　　　　　（制限時間 10 秒）

(5) 129 + 654 + 737 + 381 + 163 = ?
　　　　　　　　　　　　　　　　（制限時間 10 秒）

(6) 798 + 388 + 788 + 420 = ?　（制限時間 10 秒）

答えは 185 ページ

第3章

倍数, あまり

5で割ったあまりは?

例題 24(制限時間2秒)

29421 を 5 で割ったあまりを求めてください。

【解説】

ある数を5で割ったあまりは簡単にわかります。というのも,その数の一の位を5で割ったあまりがそのまま,元の数のあまりになるからです。

例題の29421を5で割ったあまりは1です。なぜなら一の位を5で割ればあまりは1だからです。では43829の場合はどうでしょう。一の位が9なので,9を5で割ったあまり4が答えです。

表にするとこうなります。

一の位	0	1	2	3	4	5	6	7	8	9
5で割ったあまり	0	1	2	3	4	0	1	2	3	4

一目瞭然ですね。

第3章 倍数，あまり

【問題】
次の数字を5で割ったあまりを答えてください（制限時間：各問とも2秒）。

(1) 2942

(2) 3985

(3) 9291

(4) 121193

(5) 130196

(6) 204218

(7) 7294820

(8) 5943817

(9) 81773889

(10) 439821034

【解答】
(1) 2942 を 5 で割ったあまりは 2
(2) 3985 を 5 で割ったあまりは 0
(3) 9291 を 5 で割ったあまりは 1
(4) 121193 を 5 で割ったあまりは 3
(5) 130196 を 5 で割ったあまりは 1
(6) 204218 を 5 で割ったあまりは 3
(7) 7294820 を 5 で割ったあまりは 0
(8) 5943817 を 5 で割ったあまりは 2
(9) 81773889 を 5 で割ったあまりは 4
(10) 439821034 を 5 で割ったあまりは 4

【補足】

 ある数を 5 で割ったあまりがいくつなのかというのは，一の位だけを見ればよいので簡単です。

 一の位だけを見て判断できるのは，2 で割ったとき（すなわち偶数か奇数か）と，5 で割ったときだけです。

 2 と 5 はともに 10 の約数なので，一の位以外の部分は 2 や 5 で必ず割り切れるというわけです。

4で割ったあまりは？

― 例題 25（制限時間 3 秒）―

1259 を 4 で割ったあまりは？

【解説】

ある数を 4 で割ったあまりは，その数の下 2 桁を 4 で割ったあまりと一致します。百の位より上の部分は関係ありません。

下 2 桁を除いて 00 を追加した数は必ず 100 の倍数なので，4 でも割り切れます。ですから元の数を 4 で割ったあまりは下 2 桁しか関係がないわけです。

例題の，1259 を 4 で割ったあまりは下 2 桁の 59 を 4 で割ればよいのです。

  59 ÷ 4 = 14 あまり 3

となるので，1259 を 4 で割ったあまりも 3 です。

ちなみに，2 桁の整数が 4 で割り切れるかどうかは次のように判断します。

十の位が偶数のとき→ 一の位が 0，4，8 なら 4 の倍数
  例 20，64，88 など
十の位が奇数のとき→ 一の位が 2，6 なら 4 の倍数
  例 16，52，96 など

第3章 倍数，あまり

【問題】

次の数字を4で割ったあまりを答えてください（制限時間：各問とも3秒）。

(1) 524

(2) 438

(3) 108

(4) 162

(5) 526

(6) 2723

(7) 6982

(8) 28197

(9) 20596

(10) 310952

【解答】

(1) 524 を 4 で割ったあまりは 0
(2) 438 を 4 で割ったあまりは 2
(3) 108 を 4 で割ったあまりは 0
(4) 162 を 4 で割ったあまりは 2
(5) 526 を 4 で割ったあまりは 2
(6) 2723 を 4 で割ったあまりは 3
(7) 6982 を 4 で割ったあまりは 2
(8) 28197 を 4 で割ったあまりは 1
(9) 20596 を 4 で割ったあまりは 0
(10) 310952 を 4 で割ったあまりは 0

第3章　倍数，あまり

【補足】

　特急列車や観光バスなど，多くの乗り物では1列が4人がけになっていることが多いものです。そんな際に座席番号を見て，その座席が通路側なのか窓側なのか，一目でさっとわかると便利ですね。

　筆者の住む街を走っている特急列車の座席指定券を購入すると，座席番号は2桁の数字になっていて，

　4で割ったあまりが1なら西側・南側の窓側席，
　4で割ったあまりが2なら西側・南側の通路席，
　4で割ったあまりが3なら東側・北側の窓側席，
　4で割ったあまりが0なら東側・北側の通路席，

という感じになっています。簡単に言うと奇数なら窓側，偶数なら通路側なのですが，さらに4で割ったあまりを計算することで，東側なのか西側なのかがすぐにわかります（太陽光がどちらから入ってくるかは，意外と重要な問題なのです）。

　4という数字は日常生活でもしばしば登場します。たとえば私たちの身の回りのもの——机，本，紙など——は四角形だし，東西南北，上下左右，前後左右など，空間や方角に関する概念はたいてい4に関係します。

　このように，いろいろなものを4つに分ける作業は日常生活でよく登場するため，4で割ったあまりを先に計算しておくと，ものを分配するときに意外に役に立つことがあります。苦手な方は，何度も練習して慣れてください。

3で割ったあまりは？

―― **例題26**（制限時間5秒）――

2856473を3で割ったあまりは？

【解説】
　ある数を3で割ったあまりを計算するには，その数に現れるすべての数字を足し算して，それを3で割ったあまりがその答えです。ただし，それらの数字のうち，3の倍数は足す必要がありません。

　例題の2856473を3で割ったあまりは，

　2 + 8 + 5 + 6 + 4 + 7 + 3

を計算して3で割ればよいのですが，これらの数字のうち，6と3は3の倍数なので足す必要がありません。

　さらに2 + 7 = 9，5 + 4 = 9も3の倍数なので足す必要がありません。

　結局残った8だけを3で割ったあまり，2が答えです。

第3章　倍数, あまり

【問題】

次の数字を3で割ったあまりを答えてください（制限時間：各問とも3〜7秒）。

(1)　376

(2)　590

(3)　5389

(4)　23433

(5)　96483

(6)　287320

(7)　249854

(8)　4378932

(9)　29761983

(10)　473295721

【解答】

(1) 376 を 3 で割ったあまりは 1
(2) 590 を 3 で割ったあまりは 2
(3) 5389 を 3 で割ったあまりは 1
(4) 23433 を 3 で割ったあまりは 0
(5) 96483 を 3 で割ったあまりは 0
(6) 287320 を 3 で割ったあまりは 1
(7) 249854 を 3 で割ったあまりは 2
(8) 4378932 を 3 で割ったあまりは 0
(9) 29761983 を 3 で割ったあまりは 0
(10) 473295721 を 3 で割ったあまりは 1

第3章 倍数, あまり

【補足】

どうしてこのような計算で, 3で割ったあまりがすぐに出てくるのでしょう？

1, 10, 100, 1000, …と, 10の累乗の形をした数は, 3で割ると必ず1あまります。例えば2468という数字は,

$$
\begin{aligned}
&2468 \\
&= \underline{2}000 + \underline{4}00 + \underline{6}0 + \underline{8} \\
&= \underline{2} \times 1000 + \underline{4} \times 100 + \underline{6} \times 10 + \underline{8} \\
&= \underline{2}(333 \times ③ + 1) + \underline{4}(33 \times ③ + 1) \\
&\quad + \underline{6}(3 \times ③ + 1) + \underline{8} \\
&= 3(333 \times 2 + 33 \times 4 + 3 \times 6) + \underline{2 + 4 + 6 + 8} \\
&= 3\text{の倍数} + (\underline{2 + 4 + 6 + 8})
\end{aligned}
$$

となり, 結局この数を3で割ったときのあまりを計算するためには, 各桁のすべての数字を足した数を3で割っても同じことなのです。

9で割ったあまりは？

― **例題 27**（制限時間 7 秒）―

43890792 を 9 で割ったあまりは？

【解説】

ある数を3で割ったあまりを計算したときと同じように，その数に現れるすべての数字を足し算して，それを9で割ったあまりは，元の数を9で割ったあまりと等しくなります。また3のときと同様，それらの数字のうち，9の倍数は足す必要がありません。

例題の 43890792 を 9 で割ったあまりは，

$4 + 3 + 8 + 9 + 0 + 7 + 9 + 2$

を計算して9で割ればよいのですが，さらにこれらの数字のうち，9 と 7 + 2 = 9 は足す必要がありません。また，8 = 9 − 1 なので，8 は −1 と考えても同じことです。したがって，

$4 + 3 - 1$

となり，これを計算すると6なので，元の数を9で割ったあまりは6というわけです。

【問題】

次の数字を9で割ったあまりを答えてください（制限時間：各問とも3～7秒）。

(1) 194

(2) 438

(3) 385

(4) 4326

(5) 1843

(6) 12429

(7) 38045

(8) 319874

(9) 1995243

(10) 81572853

【解答】

(1) 194を9で割ったあまりは5（9は足さなくてよい）

(2) 438を9で割ったあまりは6（8を−1と考える）

(3) 385を9で割ったあまりは7（8を−1と考える）

(4) 4326を9で割ったあまりは6（3＋6は足さなくてよい）

(5) 1843を9で割ったあまりは7（1＋8は足さなくてよい）

(6) 12429を9で割ったあまりは0（9は足さなくてよい）

(7) 38045を9で割ったあまりは2（4＋5は足さず，8を−1と考える）

(8) 319874を9で割ったあまりは5（9と1＋8は足さなくてよい）

(9) 1995243を9で割ったあまりは6（9と5＋4は足さなくてよい）

(10) 81572853を9で割ったあまりは3（8＋1と7＋2は足さず，8を−1と考える）

第3章　倍数，あまり

【補足】

　ある数を 9 で割ったあまりを求める方法も，3 で割ったあまりを求める方法も，やり方は同じです。なぜなら 3 は 9 の約数なので，9 で割ったあまりから，3 で割ったあまりもすぐにわかるのです。

　例えば 194 を 9 で割ったあまりは 5 ですが，これを 3 で割ったあまりは 2 なので，元の数を 3 で割ったあまりは 2 というわけです。ある数を 9 で割ったときのあまりをこのように計算することは「九去法」と呼ばれ，昔からよく知られている方法です。

6で割ったあまりは？

― **例題 28**（制限時間 5 秒）――――――――――

4546 を 6 で割ったあまりは？

――――――――――――――――――――

【解説】

ある数を 6 (= 3 × 2) で割ったあまりは，3 で割ったときのあまりと 2 で割ったときのあまりから判断します。

例題の 4546 という数を 6 で割ったあまりを求めてみましょう。4546 は偶数で，3 で割ると 1 あまります。このとき，次の表から，6 で割ったあまりは 4 ということがわかります。

2 で割ったあまり	3 で割ったあまり	6 で割ったあまり
0（偶数）	0	0
	1	4
	2	2
1（奇数）	0	3
	1	1
	2	5

表からわかるように，3 で割ったあまりから 6 で割ったあまりの候補を 2 つに絞り込み，そこから元の数が偶数と奇数のどちらなのかを考えればすぐに求まります。

第3章 倍数，あまり

【問題】

次の数字を6で割ったあまりを答えてください（制限時間：各問とも3〜5秒）。

(1) 429

(2) 329

(3) 294

(4) 1953

(5) 8252

(6) 32821

(7) 63292

(8) 510531

(9) 9295392

(10) 72643247

【解答】

(1) 429 を 6 で割ったあまりは 3（奇数で 3 で割ったあまりが 0）

(2) 329 を 6 で割ったあまりは 5（奇数で 3 で割ったあまりが 2）

(3) 294 を 6 で割ったあまりは 0（偶数で 3 で割ったあまりが 0）

(4) 1953 を 6 で割ったあまりは 3（奇数で 3 で割ったあまりが 0）

(5) 8252 を 6 で割ったあまりは 2（偶数で 3 で割ったあまりが 2）

(6) 32821 を 6 で割ったあまりは 1（奇数で 3 で割ったあまりが 1）

(7) 63292 を 6 で割ったあまりは 4（偶数で 3 で割ったあまりが 1）

(8) 510531 を 6 で割ったあまりは 3（奇数で 3 で割ったあまりが 0）

(9) 9295392 を 6 で割ったあまりは 0（偶数で 3 で割ったあまりが 0）

(10) 72643247 を 6 で割ったあまりは 5（奇数で 3 で割ったあまりが 2）

第3章 倍数, あまり

【補足】

6というのは2と3の公倍数ですから,ある数を2と3で割ったあまりがそれぞれわかれば,6で割ったときのあまりもわかります。

6というのは,角度や時間で非常によく出てくる数です。例えば角度は1周が360度ですから6の倍数ですし,時間も1日は24時間で,1時間は60分なので6の倍数となっています。

約数は？

例題 29（制限時間 15 秒）

732 の約数は？

【解説】

2, 3 桁程度の数の約数（その数を割り切ることのできる数）を小さい順にもれなく知りたいときは，単純にその数が 2, 3, 4, 5, 6, …という数で割り切れるかどうか 1 つずつ確かめていくと，簡単に求まります。

例えば 732 の約数を求める場合,
2 で割り切れるか？ → ◯ （一の位が偶数）
3 で割り切れるか？ → ◯ （7 + 3 + 2 = 12）
4 で割り切れるか？ → ◯ （下 2 桁が 4 で割り切れる）
5 で割り切れるか？ → × （一の位が 2 なので）
6 で割り切れるか？ → ◯ （2 でも 3 でも割り切れるので）
7 で割り切れるか？ → × （直接割ってみる）
8 で割り切れるか？ → × （4 で割った商をさらに 2 で割る）
9 で割り切れるか？ → × （7 + 3 + 2 = 12）
…

第3章 倍数, あまり

　次にこれらのうち割り切れる数で小さいほうから順番に割っていきます。
732 ÷ 2 ＝ 366
732 ÷ 3 ＝ 244
732 ÷ 4 ＝ 183（2で割った商をさらに2で割る）
732 ÷ 6 ＝ 122（2で割った商をさらに3で割る）
732 ÷ 12 ＝ 61（6で割った商をさらに2で割る）
　61というのは素数なので，12より大きく61より小さい数では割れないことがわかります。よって，これらの数と商を小さい順に並べると，732の約数として，

　1, 2, 3, 4, 6, 12, 61, 122, 183, 244, 366, 732

が得られます。
　ちなみに，すべての約数の和が元の数の2倍になっているような自然数を，「完全数」と呼びます。すべての約数の中には元の数自身も入っていますから，約数のうち元の数を除いたものすべての和が元の数と等しくなる数だ，ということもできます。
　すべての自然数のうち，いちばん小さい完全数は6です。6の約数は1, 2, 3, 6ですが

　　1 ＋ 2 ＋ 3 ＝ 6

となっていますね。
　また，2番めに小さい完全数は28です。28の約数は1, 2, 4, 7, 14, 28ですが

　　1 ＋ 2 ＋ 4 ＋ 7 ＋ 14 ＝ 28

となっているからです。

このように，すべての約数を小さいものから順に並べてみるという作業は，整数論などの教科書ではよく出てきます。

第3章 倍数，あまり

【問題】
次の数字の約数を小さいものから順に答えてください（制限時間：各問とも15秒）。

(1) 36

(2) 48

(3) 60

(4) 96

(5) 126

(6) 128

(7) 144

(8) 225

(9) 378

(10) 392

【解答】
(1) 36 の約数は，1,2,3,4,6,9,12,18,36
(2) 48 の約数は，1,2,3,4,6,8,12,16,24,48
(3) 60 の約数は，1,2,3,4,5,6,10,12,15,20,30,60
(4) 96 の約数は，1,2,3,4,6,8,12,16,24,32,48,96
(5) 126 の約数は，1,2,3,6,7,9,14,18,21,42,63,126
(6) 128 の約数は，1,2,4,8,16,32,64,128
(7) 144 の約数は，
1,2,3,4,6,8,9,12,16,18,24,36,48,72,144
(8) 225 の約数は，1,3,5,9,15,25,45,75,225
(9) 378 の約数は，
1,2,3,6,7,9,14,18,21,27,42,54,63,126,189,378
(10) 392 の約数は，1,2,4,7,8,14,28,49,56,98,196,392

第3章　倍数，あまり

【補足】

　大きな数の約数を求める場合には，さらに少しだけ工夫が必要です。

　例えば練習問題に出てきた378の場合，1，2，3，6，7，9と割っていくと，それらの商が，

　378，189，126，63，54，42，…

だとわかりますが，例えば $378 \div 7 = 54 (= 2 \times 3 \times 3 \times 3)$ より，378 は 2，3^3，7 などを約数にもつことがわかります。

　このことから，次に $2 \times 7 = 14$ や，$2 \times 9 = 18$，$3 \times 7 = 21$ などでも割り切れそうだ，ということがわかるのです。

最大公約数は？

── 例題 30（制限時間 5 秒）─────────────

52 と 169 の最大公約数は？

──────────────────────────

【解説】

2つの数の共通の約数（公約数）を求めるときに，大きいほうの数を小さいほうの数で割ったあまりがヒントになります。その約数のうちのいずれかが，元の2数の最大公約数になるからです。

例えば52と169の場合，169 ÷ 52を計算します。

　169 ÷ 52 = 3 あまり 13

となります。あまり13は素数なので，13が元の2数の最大公約数である可能性が高いことが予想されます。

実際に調べてみると，

　169 ÷ 13 = 13
　52 ÷ 13 = 4

となり，169と52の最大公約数は13であることがわかりました。

第3章 倍数, あまり

【問題】
次の2つの数字の最大公約数を答えてください（制限時間：各問とも5秒）。

(1) 15 と 25

(2) 42 と 24

(3) 35 と 14

(4) 96 と 72

(5) 52 と 65

(6) 108 と 24

(7) 255 と 170

(8) 133 と 171

(9) 266 と 84

(10) 392 と 140

【解答】
  (1) 15 と 25 の最大公約数は 5
  (2) 42 と 24 の最大公約数は 6
  (3) 35 と 14 の最大公約数は 7
  (4) 96 と 72 の最大公約数は 24
  (5) 52 と 65 の最大公約数は 13
  (6) 108 と 24 の最大公約数は 12
  (7) 255 と 170 の最大公約数は 85
  (8) 133 と 171 の最大公約数は 19
  (9) 266 と 84 の最大公約数は 14
 (10) 392 と 140 の最大公約数は 28

【補足】

「ユークリッドの互除法」というのは，2数の最大公約数を求めるために，大きいほうを小さいほうで割って，あまりを大きいほうと入れ替えて，また再び大きいほうを小さいほうで割って……を繰り返し，割り切れたらそれが元の2数の最大公約数だ，というものです。2000年以上も前にギリシャの「エウクレイデス（英語でユークリッド）」という数学者が発見したので「ユークリッドの互除法」と呼ばれます。

　ですが，この手法は時間がかかるという欠点があります。そこで，簡単にすばやく答えを求めるためにここで紹介したのが，最初の1回目の割り算のあまりをヒントとして使う方法で，私は「ユークリッドの新互除法」と呼んでいます。

2つの数の比は？

例題 31（制限時間 3 秒）

8 と 12 の比を求めてください。

【解説】

2 つの数の公約数でそれぞれを割ることで，それらの比を簡単にすることを約分といいます。

例えば 8 と 12 の場合，最大公約数は 4 なので，両方を 4 で割ると，

 8 : 12 = 2 : 3

という式が導き出されます。同じように 52 と 65 なら，最大公約数は 13 なので，両方を 13 で割って，

 52 : 65 = 4 : 5

となり，約分をすることによって，2 数の大きさを簡単に比べることができるようになります。

第3章　倍数，あまり

【問題】

次の2つの数字の比を簡単にしてください（制限時間：各問とも3〜7秒）。

(1) 32 と 24

(2) 28 と 35

(3) 56 と 84

(4) 78 と 91

(5) 85 と 102

(6) 150 と 165

(7) 132 と 121

(8) 259 と 222

(9) 288 と 192

(10) 640 と 576

【解答】

(1) 32 : 24 = 4 : 3 （8で約分）
(2) 28 : 35 = 4 : 5 （7で約分）
(3) 56 : 84 = 2 : 3 （28で約分）
(4) 78 : 91 = 6 : 7 （13で約分）
(5) 85 : 102 = 5 : 6 （17で約分）
(6) 150 : 165 = 10 : 11 （15で約分）
(7) 132 : 121 = 12 : 11 （11で約分）
(8) 259 : 222 = 7 : 6 （37で約分）
(9) 288 : 192 = 3 : 2 （96で約分）
(10) 640 : 576 = 10 : 9 （64で約分）

【補足】

　ここでは比の形で約分の練習をしましたが、実は分数の約分と全く同じ作業です。

　比や分数の約分は、気がつかないとそのまま放っておいてしまうものですが、できるだけ小さく約分することが、効率的な計算の近道です。

第4章

概　算

まんじゅう数え上げ方式の応用

例題 32（制限時間 5 秒）

次の合計金額を概算してください。

サラダ　　　　590 円
スパゲティ　　880 円
ピザ　　　　　590 円
コーヒー　　　290 円 × 2

【解説】
「概算」とは，買い物をしたりするときに，いくつかの商品のだいたいの合計金額を計算することです。例題のようにレストランで注文をしたとき，100 円をまんじゅう 1 個と考えて，まんじゅうが何個あるのか数えていきます。

サラダ　　　　590 円　　　　○○○○○○
スパゲティ　　880 円　　　　○○○○○○○○○
ピザ　　　　　590 円　　　　○○○○○○
コーヒー　　　290 円 × 2　　○○○　○○○

まんじゅうは 27 個あるので，2700 円ぐらいかな，ということがわかります。

第4章　概算

【問題】

次の計算をしてください（制限時間：各問とも5〜10秒）。

(1)
歯ブラシ　88円×4本
歯磨き粉　218円×2本
せっけん　98円×5個
合計はいくらぐらい？

(2)
あるイベントの来場者数
木曜日　25904人
金曜日　 8923人
土曜日　38271人
日曜日　50943人
来場者数の総計はのべ何万人ぐらい？

(3)
783 + 981 + 661 + 948 + 298 ≒ ?

(4)
アイスコーヒー　220円×3
アイスティー　　250円×5
アイスラテ　　　280円×2
支払い金額はいくらぐらい？

【解答】

(1)
100 円をまんじゅう 1 個として，
歯ブラシ　88 円 × 4 本　　　　○○○○
歯磨き粉　218 円 × 2 本　　　　○○　○○
せっけん　98 円 × 5 個　　　　○○○○○
より，まんじゅうは合計 13 個，よっておよそ 1300 円
（正確には 1278 円）。

(2)
1 万人をまんじゅう 1 個として，
木曜日　25904 人　　　○○
金曜日　 8923 人　　　○
土曜日　38271 人　　　○○○○
日曜日　50943 人　　　○○○○○
まんじゅうは合計 12 個，よっておよそ 12 万人
（正確には 124041 人）。

(3)
100 をまんじゅう 1 個として，
783　　　○○○○○○○○
＋ 981　　○○○○○○○○○○
＋ 661　　○○○○○○
＋ 948　　○○○○○○○○○
＋ 298　　○○○
まんじゅう 37 個なので，およそ 3700 ぐらい
（正確には 3671）。

(4)
3種類の商品の平均金額は250円ぐらいなので,250円をまんじゅう1個として,

アイスコーヒー　220円×3　○○○
アイスティー　　250円×5　○○○○○
アイスラテ　　　280円×2　○○

まんじゅう10個なので,2500円ぐらい
(正確には2470円)。

【補足】
　固定資産の一覧を見て大まかな合計金額を把握したり,他社の製品を見て原価を頭の中で計算したりと,まんじゅう数え上げ方式はビジネスの世界でも活躍します。
　ここぞというときにそうした能力を発揮するためには,普段の買い物のときから,カゴの商品の合計金額を目で見て計算するような練習を繰り返しておくことが有効です。

円周率を使う計算

例題 33（制限時間 3 秒）

直径 7 メートルの円形の池の周囲はおよそ何メートルでしょう？

【解説】

こんなときは，円周率を 3.14 ではなく，$\frac{22}{7}$ として使うほうが簡単でかつ正確です。

$$7 \times \frac{22}{7} = 22$$

より，およそ 22 メートルということになります。

第4章　概算

【問題】
次の計算をしてください。

（1）　半径 7 センチメートルの円のおよその面積は？
（制限時間 3 秒）

（2）　直径 49 メートルの円形の線路を走るミニ SL が一周で走るおよその距離は？（制限時間 3 秒）

（3）　14 メートル先まで水を飛ばすことのできるスプリンクラーが水を撒くおよその面積は？（制限時間 5 秒）

（4）　半径 5 センチメートルの円（黒丸）が 14 個合わさったときにしめるおよその面積は？（制限時間 10 秒）

●
●●●
●●●●
●●●●●
●●●●●

（5）　半径 10 センチメートルの半円のおよその面積は？（制限時間 5 秒）

【解答】

(1) $7 \times 7 \times \dfrac{22}{7} = 154$

　　より，およそ 154 平方センチメートル

(2) $49 \times \dfrac{22}{7} = 154$　より，およそ 154 メートル

(3) $14 \times 14 \times \dfrac{22}{7}$

　$= 14 \times 2 \times 22$

　$= 28 \times 22$　　（十等一和）

　$= 616$　より，およそ 616 平方メートル

(4) $14 \times 5 \times 5 \times \dfrac{22}{7}$

　$= 2 \times 5 \times 5 \times 22$

　$= 10 \times 110$

　$= 1100$　より，およそ 1100 平方センチメートル

(5) $\dfrac{1}{2} \times 10 \times 10 \times \dfrac{22}{7}$

　$= 50 \times \dfrac{22}{7}$

　$= 1100 \div 7$

　$\fallingdotseq 157$　より，およそ 157 平方センチメートル

　または，$\dfrac{1}{2} \times 10 \times 10 \times 3.14 = \dfrac{1}{2} \times 314 = 157$

【補足】

円周率 = 3.14 という小数で覚えている人がほとんどだと思いますが，暗算するときには $\frac{22}{7}$ という分数のほうが扱いやすいことが多いのです。しかも半径が7の倍数なら，円周率の分母7で先に割って，円の面積や円周の長さを簡単に暗算で計算できます。

実は 3.14 という小数よりも，$\frac{22}{7}$ のほうが実際の円周率の値（3.14159265358979…）に近いということも付け加えておきます。

$\sqrt{}$ の計算

例題 34（制限時間 3 秒）

次のおよその値はいくらでしょう？

$\sqrt{24} \fallingdotseq ?$

【解説】

$\sqrt{}$ の計算では，中身をまず変形してから計算します。

$$\sqrt{24} = 2 \times \sqrt{6}$$
$$= 2 \times 2.449$$
$$\fallingdotseq 4.90$$

$\sqrt{}$ の計算では，以下の値を覚えておくと便利です。

$\sqrt{2} = 1.41421356$（一夜一夜に人見ごろ）
$\sqrt{3} = 1.7320508$（人並みにおごれや）
$\sqrt{5} = 2.2360679$（富士山ろくオウム鳴く）
$\sqrt{6} = 2.44949$（似よ良く良く）
$\sqrt{7} = 2.64575$（菜に虫いない）
$\sqrt{8} = 2.828427$（ニヤニヤ呼ぶな）
$\sqrt{10} = 3.1622$（人丸は三色に並ぶ）

語呂合わせの関係で数桁紹介していますが，実際の計算の際には小数点以下 3 〜 4 桁でじゅうぶんです。

第4章 概算

【問題】

次のおよその値を求めてください（制限時間：各問とも5秒）。

(1) $\sqrt{8} ≒ ?$

(2) $\sqrt{12} ≒ ?$

(3) $\sqrt{18} ≒ ?$

(4) $\sqrt{20} ≒ ?$

(5) $\sqrt{63} ≒ ?$

(6) $\sqrt{72} ≒ ?$

(7) $\sqrt{96} ≒ ?$

(8) $\sqrt{108} ≒ ?$

(9) $\sqrt{150} ≒ ?$

(10) $\sqrt{200} ≒ ?$

【解答】

(1) $\sqrt{8} = 2\sqrt{2} \fallingdotseq 2 \times 1.414 = 2.828 \fallingdotseq 2.83$

(2) $\sqrt{12} = 2\sqrt{3} \fallingdotseq 2 \times 1.732 = 3.464 \fallingdotseq 3.46$

(3) $\sqrt{18} = 3\sqrt{2} \fallingdotseq 3 \times 1.414 = 4.242 \fallingdotseq 4.24$

(4) $\sqrt{20} = 2\sqrt{5} \fallingdotseq 2 \times 2.236 = 4.472 \fallingdotseq 4.47$

(5) $\sqrt{63} = 3\sqrt{7} \fallingdotseq 3 \times 2.646 = 7.938 \fallingdotseq 7.94$

(6) $\sqrt{72} = 6\sqrt{2} \fallingdotseq 6 \times 1.414 = 8.484 \fallingdotseq 8.48$

(7) $\sqrt{96} = 4\sqrt{6} \fallingdotseq 4 \times 2.449 \fallingdotseq 9.80$

(8) $\sqrt{108} = 6\sqrt{3} \fallingdotseq 6 \times 1.732 \fallingdotseq 10.4$

(9) $\sqrt{150} = 5\sqrt{6} \fallingdotseq 5 \times 2.449 \fallingdotseq 12.2$

(10) $\sqrt{200} = 10\sqrt{2} \fallingdotseq 10 \times 1.414 = 14.14$

【補足】

日常生活でルートが出てくることはめったにありませんが，知っていると便利です。

ニュースなどで，イベントの会場などが「甲子園球場の 20 倍の広さだ」などという表現を耳にすることがありますが，面積を距離になおすと，

$$
\begin{aligned}
&\sqrt{20} \\
&= 2\sqrt{5} \\
&\fallingdotseq 2 \times 2.236 \\
&\fallingdotseq 4.5
\end{aligned}
$$

より，会場の端から端までの距離で比べるとだいたい甲子園球場の 4.5 倍ぐらいということになります。

累乗の概算

例題 35（制限時間 3 秒）

次のおよその値はいくらでしょう？

$(1.006)^6 ≒ ?$

【解説】

a が 1 よりずっと小さいとき，次の公式がなりたちます。

$$(1 + a)^n ≒ 1 + an$$

これを使うと，次のような概算が簡単にできます。

$$(1 + 0.006)^6 ≒ 1 + 0.036 = 1.036$$

第4章　概算

【問題】

次の計算をしてください(制限時間:各問とも3〜10秒)。

(1)　$(1.0015)^{15} ≒ ?$

(2)　$(0.9998)^{8} ≒ ?$

(3)　$(2.003)^{6} ≒ ?$

(4)　$(1.995)^{5} ≒ ?$

(5)　$(2.004)^{4} ≒ ?$

(6)　年利1%の定期預金に100万円を10年間預けたとき，およそいくらになっているでしょう？

(7)　あるウィルスの量が1時間ごとに0.03%ずつ増えるとき，1日でおよそ何%増えることになるでしょう？

【解答】

(1) $(1.0015)^{15} = (1 + 0.0015)^{15} ≒ 1 + 0.0225$
$≒ 1.023$

(2) $(0.9998)^8 = (1 - 0.0002)^8 ≒ 1 - 0.0016$
$= 0.9984$

(3) $(2.003)^6 = \{2 × (1 + 0.0015)\}^6$
$≒ 2^6 × (1 + 0.009) = 64 + 0.576 ≒ 64.58$

(4) $(1.995)^5 = \{2 × (1 - 0.0025)\}^5$
$≒ 2^5 × (1 - 0.0125) = 32 - 0.4 = 31.6$

(5) $(2.004)^4 = \{2 × (1 + 0.002)\}^4$
$≒ 2^4 × (1 + 0.008) = 16 + 0.128 ≒ 16.13$

(6) $1000000 × 1.01^{10}$
$= 1000000 × (1 + 0.01)^{10}$
$≒ 1000000 × (1 + 0.1)$
$= 1100000$

より，およそ110万円。

(7) $(1.0003)^{24} ≒ 1 + 0.0072 = 1.0072$

より，およそ0.72%増える。

第4章 概算

【補足】

実はこの公式は $\sqrt{}$ の計算などでも応用することができます。というのも、$\sqrt{}$ とは $\frac{1}{2}$ 乗と同じだからです。

例えば、

$$\sqrt{9.09}$$
$$= 3\sqrt{1.01}$$
$$= 3 \times (1 + 0.01)^{\frac{1}{2}}$$
$$\fallingdotseq 3 \times (1 + 0.005)$$
$$= 3.015$$

となります。コツは、うまく変形して $(1 + a)^n$ の形に持ち込むことです。

第5章

穴埋め問題

穴埋め問題

例題 36（制限時間 3 秒）

次の□に入る数を暗算で求めてください。

$24 \times \square + 45 = 165$

【解説】

計算式の一ヵ所を□にして，その部分に適当な数を入れる問題を「穴埋め問題」と言います。全体の式から少しずつ変形して，□を求めていく作業が必要となります。

実は，穴埋め問題を暗算で解く練習をすると「計算視力」が飛躍的に高まります。単純に計算をすることよりも難しい分，練習によって得るものも大きいというわけです。

例題の場合，$24 \times \square$ に 45 を足すと 165 になるのですから，$24 \times \square$ は $165 - 45 = 120$ となります。次に，$24 \times \square$ が 120 となるのですから，□は 120 を 24 で割って，5 であることがわかります。

このことを数式で書くと次のようになります。

$$\begin{aligned} 24 \times \square + 45 &= 165 \\ 24 \times \square &= 165 - 45 \\ &= 120 \\ \square &= 120 \div 24 \end{aligned}$$

第5章　穴埋め問題

【問題】穴埋め問題1（かけ算，割り算）

次の□に入る数を暗算で求めてください（制限時間：各問とも3〜5秒）。

(1)　□ × 2 × 3 = 540

(2)　18 × □ = 270

(3)　25 × □ × 24 = 4800

(4)　375 ÷ □ × 2 = 250

(5)　□ × 4 ÷ 13 = 160

(6)　□ × 6 × 4 ÷ 16 ÷ 3 = 19

(7)　4 × □ × 750 = 27000

(8)　64 × □ ÷ 256 = 16

(9)　72 × 36 ÷ □ = 12

(10)　12 × 27 × 32 ÷ □ = 162

【解答】

(1) □ = 540 ÷ (2 × 3) = 90
(2) □ = 270 ÷ 18 = 30 ÷ 2 = 15
(3) □ = 4800 ÷ (25 × 24) = 4800 ÷ 600 = 8
(4) □ = 375 × 2 ÷ 250 = 3
(5) □ = 160 ÷ 4 × 13 = 520
(6) □ = 19 × 3 × 16 ÷ (6 × 4) = 19 × 2 = 38
(7) □ = 27000 ÷ (4 × 750) = 27000 ÷ 3000 = 9
(8) □ = 16 ÷ 64 × 256 = $2^4 ÷ 2^6 × 2^8 = 2^6$ = 64
(9) □ = 72 × 36 ÷ 12 = 72 × 3 = 216
(10) □ = 12 × 27 × 32 ÷ 162
    = $2^2 × 3 × 3^3 × 2^5 ÷ (2 × 3^4) = 2^6$ = 64

【問題】穴埋め問題2（足し算，引き算）

次の□に入る数を暗算で求めてください（制限時間：各問とも7秒）。

(1)　□ + 239 = 510

(2)　78 + □ = 153

(3)　□ − 392 = 293

(4)　251 − □ = 69

(5)　□ + 812 = 1039

(6)　832 − □ = 548

(7)　289 + 529 + □ = 1000

(8)　911 + 847 − □ = 1246

(9)　338 − □ − 86 = 147

(10)　□ + 78 − 95 − 13 = 204

【解答】

(1) □ = 510 − 239 = 271
(2) □ = 153 − 78 = 75
(3) □ = 293 + 392 = 685
(4) □ = 251 − 69 = 182
(5) □ = 1039 − 812 = 227
(6) □ = 832 − 548 = 284
(7) □ = 1000 − (289 + 529) = 1000 − 818 = 182
(8) □ = 911 + 847 − 1246 = 1758 − 1246 = 512
(9) □ = 338 − 86 − 147 = 338 − 233 = 105
(10) □ = 204 − 78 + 95 + 13 = 312 − 78 = 234

【問題】穴埋め問題3（分数，小数のかけ算）

次の□に入る数を暗算で求めてください（制限時間：各問とも3〜7秒）。

(1) $\Box \times \dfrac{7}{9} = 350$

(2) $800 \times \Box = 1120$

(3) $2160 \times \Box = 5400$

(4) $84 \times \Box \times \dfrac{3}{5} = 1260$

(5) $\Box \times \dfrac{4}{7} \times \dfrac{5}{8} = 200$

(6) $\dfrac{2}{9} \times \dfrac{13}{4} \times \Box = \dfrac{5}{7}$

(7) $\left(\dfrac{1}{2} + \Box\right) \times 16 = 28$

(8) $0.4 \times (\Box + 27) = 24$

(9) $\Box + \left(0.6 + \dfrac{1}{4}\right) \times 20 = 24$

(10) $\Box \times 1.25 \times 2.8 = 63$

【解答】

(1) $\square = 350 \div 7 \times 9 = 450$

(2) $\square = 1120 \div 800 = 140 \div 100 = \dfrac{7}{5}$

(3) $\square = 5400 \div 2160 = 100 \div 40 = \dfrac{5}{2}$

(4) $\square = 1260 \div 84 \div 3 \times 5$
$= 420 \div 84 \times 5 = 5 \times 5 = 25$

(5) $\square = 200 \div \left(\dfrac{4}{7} \times \dfrac{5}{8}\right) = 200 \div 5 \times 14 = 560$

(6) $\square = \dfrac{5}{7} \div \left(\dfrac{2}{9} \times \dfrac{13}{4}\right) = \dfrac{5}{7} \times \dfrac{9}{2} \times \dfrac{4}{13} = \dfrac{90}{91}$

(7) $\square = 28 \div 16 - \dfrac{1}{2} = \dfrac{7}{4} - \dfrac{2}{4} = \dfrac{5}{4}$

(8) $\square = 24 \div \dfrac{2}{5} - 27 = 60 - 27 = 33$

(9) $\square = 24 - \left(0.6 + \dfrac{1}{4}\right) \times 20 = 24 - \dfrac{17}{20} \times 20$
$= 24 - 17 = 7$

(10) $\square = 63 \div \dfrac{5}{4} \div \dfrac{14}{5} = 63 \times 4 \times 5 \div 5 \div 14$
$= 63 \times 4 \div 14 = 18$

第5章　穴埋め問題

【問題】穴埋め問題4（混合）

次の□に入る数を暗算で求めてください（制限時間：各問とも7秒）。

(1)　$64 \times (□ - 0.25) + 16 = 40$

(2)　$7 + (192 + □) \div 64 = 12$

(3)　$45 \times (22 - □) \times 4 = 720$

(4)　$(125 + 65) \times (□ - 24) = 760$

(5)　$10 + (□ \times 4 + 2) \times 15 = 700$

(6)　$4 + \dfrac{2}{5} + □ \times 7 = 10$

(7)　$100 \div 0.25 \div □ = 20$

(8)　$□^2 \times 6 - 350 = 1000$

(9)　$33 + □ \div 8 + 2 \times 3^3 = 10^2$

(10)　$28 \times (40 - □) + 4 = 900$

【解答】

(1) $64 \times (\square - 0.25) + 16 = 40$

$\qquad 64 \times (\square - 0.25) = 24$

$\qquad\qquad \square - \dfrac{1}{4} = \dfrac{3}{8}$

$\qquad\qquad\qquad \square = \dfrac{3}{8} + \dfrac{1}{4}$

$\qquad\qquad\qquad\quad = \dfrac{5}{8}$

(2) $7 + (192 + \square) \div 64 = 12$

$\qquad (192 + \square) \div 64 = 5$

$\qquad\quad 192 + \square = 320$

$\qquad\qquad\quad \square = 320 - 192$

$\qquad\qquad\qquad = 128$

(3) $45 \times (22 - \square) \times 4 = 720$

$\qquad\quad 22 - \square = 720 \div 180$

$\qquad\qquad\quad = 4$

$\qquad\qquad \square = 18$

(4) $(125 + 65) \times (\square - 24) = 760$

$\qquad\quad \square - 24 = 760 \div 190$

$\qquad\qquad\quad = 4$

$\qquad\qquad \square = 4 + 24$

$\qquad\qquad\quad = 28$

(5) $10 + (\square \times 4 + 2) \times 15 = 700$
$(\square \times 4 + 2) \times 15 = 690$
$\square \times 4 + 2 = 690 \div 15$
$= 46$
$\square \times 4 = 44$
$\square = 11$

(6) $4 + \dfrac{2}{5} + \square \times 7 = 10$

$\square \times 7 = 10 - \dfrac{22}{5}$

$= \dfrac{28}{5}$

$\square = \dfrac{28}{5} \div 7$

$= \dfrac{4}{5}$

(7) $100 \div 0.25 \div \square = 20$
$400 \div \square = 20$
$\square = 400 \div 20$
$\square = 20$

(8) $\square^2 \times 6 - 350 = 1000$
$\square^2 \times 6 = 1350$
$\square^2 = 1350 \div 6$
$= 225$
$\square = 15$

(9) $33 + \square \div 8 + 2 \times 3^3 = 10^2$
$33 + \square \div 8 + 54 = 100$
$\square \div 8 = 100 - (33 + 54)$
$= 13$
$\square = 13 \times 8$
$= 104$

(10) $28 \times (40 - \square) + 4 = 900$
$28 \times (40 - \square) = 900 - 4$
$= 896$
$40 - \square = 896 \div 28$
$= 32$
$\square = 40 - 32$
$= 8$

第5章　穴埋め問題

【章末総合問題解答】

章末総合問題1

(1) $175 \times 28 = 4900$ （例題3参照）
(2) $16 \times 19 = 304$ （例題6参照）
(3) $77 \times 73 = 5621$ （例題9参照）
(4) $0.875 = \dfrac{7}{8}$ （例題11参照）
(5) $375 \times 48 \times 25 \times 16 = 7200000$ （例題14参照）
(6) $259 \times 5 = 1295$ （例題1参照）
(7) $64 \times 56 = 3584$ （例題7参照）
(8) $630 \div 45 = 14$ （例題16参照）
(9) $36 \times 0.75 = 27$ （例題12参照）
(10) $15^2 = 225$ （例題13参照）
(11) $17 \times 24 \times 125 = 51000$ （例題4参照）
(12) $53 \times 53 = 2809$ （例題10参照）
(13) $3890 \div 5 = 778$ （例題15参照）
(14) $336 \div 42 = 8$ （例題17参照）
(15) $14 \times 65 = 910$ （例題2参照）
(16) $86 \times 26 = 2236$ （例題8参照）

第 5 章　穴埋め問題

章末総合問題 2

(1)　$32000 - 19384 = 12616$　　　（例題 21 参照）
(2)　$36 + 41 + 46 + 51 + 56 = 230$（例題 18 参照）
(3)　$4152 - 2894 = 1258$　　　　（例題 22 参照）
(4)　$159 + 179 + 202 + 217 + 238 + 262 = 1257$
　　　　　　　　　　　　　　　（例題 19 参照）
(5)　$129 + 654 + 737 + 381 + 163 = 2064$
　　　　　　　　　　　　　　　（例題 20 参照）
(6)　$798 + 388 + 788 + 420 = 2394$
　　　　　　　　　　　　　　　（例題 23 参照）

N.D.C.411.1　185p　18cm

ブルーバックス　B-1629

計算力を強くする　完全ドリル
先を読む力を磨くために

2009年2月20日　第1刷発行
2023年1月20日　第11刷発行

著者	鍵本　聡
発行者	鈴木章一
発行所	株式会社講談社
	〒112-8001　東京都文京区音羽2-12-21
電話	出版　03-5395-3524
	販売　03-5395-4415
	業務　03-5395-3615
印刷所	（本文印刷）株式会社ＫＰＳプロダクツ
	（カバー表紙印刷）信毎書籍印刷株式会社
本文データ制作	株式会社さくら工芸社
製本所	株式会社国宝社

定価はカバーに表示してあります。
©鍵本　聡　2009, Printed in Japan
落丁本・乱丁本は購入書店名を明記のうえ、小社業務宛にお送りください。送料小社負担にてお取替えします。なお、この本についてのお問い合わせは、ブルーバックス宛にお願いいたします。
本書のコピー、スキャン、デジタル化等の無断複製は著作権法上での例外を除き禁じられています。本書を代行業者等の第三者に依頼してスキャンやデジタル化することはたとえ個人や家庭内の利用でも著作権法違反です。
Ⓡ〈日本複製権センター委託出版物〉複写を希望される場合は、日本複製権センター（電話03-6809-1281）にご連絡ください。

ISBN978-4-06-257629-1

発刊のことば

科学をあなたのポケットに

二十世紀最大の特色は、それが科学時代であるということです。科学は日に日に進歩を続け、止まるところを知りません。ひと昔前の夢物語もどんどん現実化しており、今やわれわれの生活のすべてが、科学によってゆり動かされているといっても過言ではないでしょう。

そのような背景を考えれば、学者や学生はもちろん、産業人も、セールスマンも、ジャーナリストも、家庭の主婦も、みんなが科学を知らなければ、時代の流れに逆らうことになるでしょう。

ブルーバックス発刊の意義と必然性はそこにあります。このシリーズは、読む人に科学的に物を考える習慣と、科学的に物を見る目を養っていただくことを最大の目標にしています。そのためには、単に原理や法則の解説に終始するのではなくて、政治や経済など、社会科学や人文科学にも関連させて、広い視野から問題を追究していきます。科学はむずかしいという先入観を改める表現と構成、それも類書にないブルーバックスの特色であると信じます。

一九六三年九月

野間省一

ブルーバックス　数学関係書（I）

- 116 推計学のすすめ　佐藤信
- 120 統計でウソをつく法　ダレル・ハフ／高木秀玄 訳
- 177 ゼロから無限へ　C・レイド／芹沢正三 訳
- 325 現代数学小事典　寺阪英孝 編
- 722 解ければ天才！　算数100の難問・奇問　中村義作
- 833 虚数 i の不思議　堀場芳数
- 862 対数 e の不思議　堀場芳数
- 926 原因をさぐる統計学　豊田秀樹
- 1003 マンガ　微積分入門　岡部恒治／藤岡文世 絵
- 1013 違いを見ぬく統計学　豊田秀樹
- 1037 自然にひそむ数学　佐藤修一
- 1201 道具としての微分方程式　斎藤恭一／吉田剛 絵
- 1243 高校数学とっておき勉強法　鍵本聡
- 1312 マンガ　おはなし数学史　仲田紀夫 原作／佐々木ケン 漫画
- 1332 集合とはなにか　新装版　竹内外史
- 1352 確率・統計であばくギャンブルのからくり　谷岡一郎
- 1353 算数パズル「出しっこ問題」傑作選　仲田紀夫
- 1366 数学版　これを英語で言えますか？　E・ネルソン 監修／保江邦夫 著
- 1383 高校数学でわかるマクスウェル方程式　竹内淳
- 1386 素数入門　芹沢正三
- 1407 入試数学　伝説の良問100　安田亨

- 1419 パズルでひらめく　補助線の幾何学　中村義作
- 1429 数学21世紀の7大難問　中村亨
- 1433 大人のための算数練習帳　佐藤恒雄
- 1453 大人のための算数練習帳　図形問題編　佐藤恒雄
- 1479 なるほど高校数学　三角関数の物語　原岡喜重
- 1490 暗号の数理　改訂新版　一松信
- 1493 計算力を強くする　鍵本聡
- 1536 計算力を強くする part2　鍵本聡
- 1547 中学数学に挑戦　広中杯ハイレベル　算数オリンピック委員会 監修／青木亮二 解説
- 1557 やさしい統計入門　柳井晴夫／C・R・ラオ／田栗正章／藤越康祝
- 1595 数論入門　芹沢正三
- 1598 なるほど高校数学　ベクトルの物語　原岡喜重
- 1606 関数とはなんだろう　山根英司
- 1619 離散数学「数え上げ理論」　野﨑昭弘
- 1620 高校数学でわかるボルツマンの原理　竹内淳
- 1629 計算力を強くする　完全ドリル　鍵本聡
- 1657 高校数学でわかるフーリエ変換　竹内淳
- 1677 新体系・高校数学の教科書（上）　芳沢光雄
- 1678 新体系・高校数学の教科書（下）　芳沢光雄
- 1684 ガロアの群論　中村亨

ブルーバックス　数学関係書 (II)

1704	高校数学でわかる線形代数	竹内淳
1723	ウソを見破る統計学	神永正博
1724	物理数学の直観的方法（普及版）	長沼伸一郎
1738	マンガで読む 計算力を強くする	がそんみは『マンガ 銀杏社』"構成
1740	大学入試問題で語る数論の世界	清水健一
1743	新体系・中学数学の教科書（上）	芳沢光雄
1757	新体系・中学数学の教科書（下）	芳沢光雄
1764	高校数学でわかる統計学	竹内淳
1765	連分数のふしぎ	木村俊一
1770	はじめてのゲーム理論	川越敏司
1782	確率・統計でわかる「金融リスク」のからくり	吉本佳生
1784	「超」入門 微分積分	神永正博
1786	複素数とはなにか	示野信一
1788	シャノンの情報理論入門	高岡詠子
1795	算数オリンピックに挑戦 '08〜'12年度版	算数オリンピック委員会 編
1808	不完全性定理とはなにか	竹内薫
1810	オイラーの公式がわかる	原岡喜重
1818	世界は2乗でできている	小島寛之
1819	マンガ 線形代数入門	鍵本聡『原作』北垣絵美『漫画』
1822	三角形の七不思議	細矢治夫
1823	リーマン予想とはなにか	中村亨
1833	超絶難問論理パズル	小野田博一
1841	難関入試 算数速攻術	中川塾『りつこ』画 松島りつこ
1851	チューリングの計算理論入門	高岡詠子
1880	非ユークリッド幾何の世界 新装版	寺阪英孝
1888	直感を裏切る数学	神永正博
1890	ようこそ「多変量解析」クラブへ	小野田博一
1893	逆問題の考え方	上村豊
1897	算法勝負！「江戸の数学」に挑戦	山根誠司
1906	ロジックの世界	ダン・クライアン／シャロン・シュアティル ビル・メイブリン『絵』田中一之『訳』
1907	素数が奏でる物語	西来路文朗／清水健一
1917	群論入門	芳沢光雄
1921	数学ロングトレイル「大学への数学」に挑戦	山下光雄
1927	確率を攻略する	小島寛之
1933	「P≠NP」問題	野﨑昭弘
1941	数学ロングトレイル「大学への数学」に挑戦 ベクトル編	山下光雄
1942	数学ロングトレイル「大学への数学」に挑戦 関数編	山下光雄
1961	曲線の秘密	松下泰雄
1967	世の中の真実がわかる「確率」入門	小林道正

ブルーバックス　数学関係書（Ⅲ）

番号	タイトル	著者
1968	脳・心・人工知能	甘利俊一
1969	四色問題	一松 信
1984	経済数学の直観的方法 マクロ経済学編	長沼伸一郎
1985	経済数学の直観的方法 確率・統計編	長沼伸一郎
1998	結果から原因を推理する「超」入門ベイズ統計	石村貞夫
2001	人工知能はいかにして強くなるのか？	小野田博一
2003	素数はめぐる	西来路文朗／清水健一
2023	曲がった空間の幾何学	宮岡礼子
2033	ひらめきを生む「算数」思考術	安藤久雄
2035	現代暗号入門	神永正博
2036	美しすぎる「数」の世界	清水健一
2043	理系のための微分・積分復習帳	竹内 淳
2046	方程式のガロア群	金 重明
2059	離散数学「ものを分ける理論」	徳田雄洋
2065	学問の発見	広中平祐
2069	今日から使える微分方程式 普及版	飽本一裕
2079	はじめての解析学	原岡喜重
2081	今日から使える物理数学 普及版	岸野正剛
2085	今日から使える統計解析 普及版	大村 平
2092	いやでも数学が面白くなる	志村史夫
2093	今日から使えるフーリエ変換 普及版	三谷政昭
2098	高校数学でわかる複素関数	竹内 淳
2104	トポロジー入門	都築卓司
2107	数学にとって証明とはなにか	瀬山士郎
2110	高次元空間を見る方法	小笠英志
2114	数の概念	高木貞治
2118	道具としての微分方程式 偏微分編	斎藤恭一
2121	離散数学入門	芳沢光雄
2126	数の世界	松岡 学
2137	有限の中の無限	西来路文朗／清水健一
2141	今日から使える微積分 普及版	大村 平
2147	円周率πの世界	柳谷 晃
2153	多角形と多面体	日比孝之
2160	多様体とは何か	小笠英志
2161	なっとくする数学記号	黒木哲徳
2167	三体問題	浅田秀樹
2168	大学入試数学 不朽の名問100	鈴木貫太郎
2171	四角形の七不思議	細矢治夫
2178	数式図鑑	横山明日希
2179	数学とはどんな学問か？	津田一郎
2182	マンガ　一晩でわかる中学数学	端野洋子
2188	世界は「e」でできている	金 重明